轨道交通建筑
装修装饰

诸应标　主　编
王本明　何　布　副主编

中国建筑工业出版社

图书在版编目（CIP）数据

轨道交通建筑装修装饰 / 诸应标主编.—北京：中国建筑工业出版社，2018.1
ISBN 978-7-112-21641-3

Ⅰ.①轨…　Ⅱ.①诸…　Ⅲ.①轨道交通—交通运输建筑—建筑装饰　Ⅳ.①TU248

中国版本图书馆CIP数据核字（2017）第310329号

责任编辑：费海玲　焦　阳
责任校对：张　颖

轨道交通建筑装修装饰
诸应标　主　编
王本明　何　布　副主编

*
中国建筑工业出版社出版、发行（北京海淀三里河路9号）
各地新华书店、建筑书店经销
北京美光设计制版有限公司制版
北京方嘉彩色印刷有限责任公司印刷
*
开本：880×1230毫米　1/16　印张：17 ¼　字数：418千字
2018年2月第一版　　2018年2月第一次印刷
定价：228.00元
ISBN 978-7-112-21641-3
　　　（30907）

编 委 会

主编单位　北京城建长城工程设计有限公司

主　　编　诸应标

副 主 编　王本明　何　布

编　　委　张　野　吴　天　武　洪　张　磊
　　　　　巫　江　陈　琪　闫　阳　刘海波
　　　　　李　博　李　立　户书辉　冯文丹
　　　　　何煜晗　徐　航　李卓乐

轨道交通作为社会公共交通配套服务体系中的重要组成部分，在国家经济发展和社会文明进步中发挥着极为重要的作用。新中国成立以来，特别是改革开放之后，我国轨道交通建设长期处于快速发展的历史新阶段，现在已经成为在全球处于规模与技术领先地位的专业领域，为中华民族伟大复兴事业作出了卓越的贡献。

在国家大规模的轨道交通建设事业中，建筑装修装饰行业和企业积极参与到此项建设事业之中，锐意进取、奋勇争先，为国家轨道交通事业的发展作出了重大贡献。在这一历史进程中，产生了一批在轨道交通领域专业化水平很高的建筑装修装饰工程企业，对轨道交通建筑，特别是交通车站建筑装修装饰设计、施工组织等进行了积极、有效的理论探索和工程实践，建设了一批在国际上有较强影响力的工程作品，成为这一领域的佼佼者。

北京城建长城装饰设计工程有限公司就是这一领域的佼佼者之一。虽然公司的董事长兼总经理诸应标同志我不太熟悉，但北京城建长城装饰设计工程有限公司作为建筑装饰行业早期的优秀企业，在二十多年前就对其有很多的了解。近十几年，他们在轨道交通建筑装修装饰，特别是在地铁交通车站建筑装修装饰领域进行了专业化的发展，取得了优异的成绩。在全国各地设计了一批地铁建筑装修装饰工程，培养了一批轨道交通建筑装修装饰设计专业人才，形成了企业在这一专业领域的优势。

现在该公司把近年来的工程作品和从业心得汇集成册，由中国建筑工业出版社出版《轨道交通建筑装修装饰》一书，是这一专业领域中的一件大事、好事。此书的出版，不仅显示了我国建筑装饰行业在这一领域取得的成就，为行业可持续发展注入了新的正能量。同时也为推动我国轨道交通建设事业迈向新的高度奠定了坚实的基础，是一本专业技术性很强的书籍。

我国的轨道交通事业还将持续发展。特别是在完成全面建成小康社会任务后向全面建设富裕社会的转变中，我国现有的城市轨道交通网络将进一步完善，高铁、地铁等现代化轨道交通设施的建设水平会越来越高。同时，还会有更多的城市进行地铁建设，让人们感受到更多的成就感和幸福感。《轨道交通建筑装修装饰》一书，将会在未来的城市建设中发挥出更大的作用，为建设具有中国科技、文化、艺术特色的轨道交通建筑而共同努力。

感谢北京城建长城装饰设计工程有限公司诸应标同志和参与《轨道交通建筑装修装饰》一书编辑出版的全体同志的辛勤工作。也衷心希望广大业内从业者，特别是设计师们能够喜爱此书并从中获益。让我们共同努力，为我国轨道交通事业蓬勃发展作出新的贡献。

中国建筑工程总公司原总经理

中国建筑装饰协会一～四届理事会原会长

张恩树

改革开放之后，特别是进入新世纪以来，随着综合国力的快速增长，我国轨道交通建设进入了一个高速发展的新阶段，在数量及质量上都有了极大的提升。经过持续的大规模建设，在全球范围内，我国已经成为在轨道交通建设方面技术先进、种类齐全、谱系完整、布局合理、质量优良、运营科学的国家，为社会发展、经济建设提供了坚强的运输保障，也成为中国经济发展和国际形象中的重要品牌和名片。

在大规模轨道交通建设中，我国建筑业发挥了重大的支撑性作用，并形成了建筑业中的一个重要的专业领域，积累了丰富的经验。轨道交通建筑是轨道交通建设的重要组成部分，装修装饰也是轨道交通建设中一个重要的细分专业领域，其设计、施工水平，直接决定了轨道交通建设的质量水平、社会影响力和满意度，是一个社会高度关注的专业领域。

在轨道交通建筑装修装饰方面，我国的工程设计人员进行了积极的探索和实践，把专业功能、地域特色、文化基因、艺术情趣等有机地结合起来，形成了一批优秀的作品。装修装饰设计为我国轨道交通建设发挥了锦上添花的作用，也提高了人民的幸福感和成就感，增强了国家与民族的自信心，在物质文明与精神文明建设两方面都发挥了突出作用。

《轨道交通建筑装修装饰》一书汇集了轨道交通建筑装修装饰工程设计的成功案例和工程实施经验的总结，是一部专业技术性强、知识内容丰富、可学习借鉴的专业著作，对提高我国轨道交通建设水平将发挥巨大的正能量。作为一名在建筑业从事设计工作的老兵，在此对参与本书编撰的全体人员表示衷心的感谢和深深的敬意！

希望社会各界、行业从业者能喜欢此书并从中受益。

王汉军

进 站 口

目录

上篇 ↘ 理论研究

轨道交通建筑装修装饰概述

诸应标

一、前言

　　轨道交通是工业革命的产物，也是推动社会经济发展的重要物质基础。轨道交通以其高效、安全、经济的特点，成为国家经济发展的大动脉。自工业化革命以来，轨道交通得到了高速发展，并形成了以城际高速铁路、城市轨道交通网络、城市地下铁路等多种新型式的现代轨道交通系统。现代轨道交通的建设规模和水平，已经成为一个国家经济实力的重要表现，其成就在国际上具有重要的政治、经济、科技影响力。

　　我国轨道交通建设开始于 19 世纪末，比欧美发达国家晚了一百多年。自新中国成立之后，我国始终把轨道交通建设作为国家经济发展的重要领域进行大规模投资，这使我国轨道交通建设水平持续提高。特别是改革开放之后，随着综合国力的不断增强和科学技术的发展，我国轨道交通建设实现了跨越式发展，在建设规模和水平上，都达到了国际领先水平，成为我国经济发展的一张重要的名片，得到了全球的赞赏和认可。

　　作为国民经济与社会发展的重要物质保障基础，我国轨道交通建设将会持续发展，在区域协同发展上发挥重要作用，并随着"一带一路"发展战略的实施走向国际工程市场，成为我国经济持续发展的重要支撑。贯彻国家新形势下实用、经济、绿色、美观的建筑方针，进一步提升我国轨道交通的建设水平和投资效益，更好地实现轨道交通对我国经济、社会、科技发展的保障作用，是行业发展的一项重要工作任务，也是实现国家两个百年发展目标的重要内容。

　　轨道交通建筑装修装饰工程，是轨道交通建设的一个最重要的组成部分，也是最能体现轨道交通建设水平的亮点工程。轨道交通建筑装修装饰工程主要是车站的装修装饰，属于公共建筑装修装饰工程领域一个专业化细分工程，是人流高度集中的地方，也是功能性、安全性、专业性、便捷性要求较高的建筑装修装饰工程，对轨道交通整体建设作用的发挥起到关键性作用。

　　改革开放以来，特别是进入新世纪之后，我国轨道交通建设进入了快速发展期，以筹备大型国际赛事为契机，建设了一大批高标准的轨道交通项目，其中以城市地铁、城际高铁的建设成就更为突出。在大规模的城市轨道交通建设中，从业者在轨道交通装修装饰工程实践中，从设计、选材和施工中积累了丰富的经验并已形成了较为完整的理论体系，成为我国轨道交通建设的重要财富。

二、轨道交通建筑装修装饰工程的功能

　　轨道交通建设从物质形态上看主要是路基建设和站点建设两部分。其中路基建设不需要装修装饰，所以轨道交通建设中的装修装饰工程，主要集中在车站建设部分。分析轨道交通装修装饰工程的功能，首先就要分析轨道交通中车站的功能。

（一）轨道交通中车站的分类及特点

在轨道交通建设中，车站作为人流的集散场所，可分为乘车站、换乘站和枢纽站三类，其功能和特点有较大的区别。

1. 乘车站

乘车站是旅客、乘客上、下车的车站。这类车站的乘车人的目的性明确，行动较为主动、简捷，在车站内的滞留时间短。其特点就是瞬时人流增长极快，但人流消散的速度也极快，因此，建设的规模和装修装饰的档次也相对较低，一般宜采用标准化的设计与施工，形成较为规范化、标准化的空间，使人们的行为能够形成习惯，并让习惯符合规范。

2. 换乘站

换乘站是同一轨道交通形式因线路交汇形成的车站。这类车站除上、下车的乘车人之外，还有大量从一条线路转乘另一条线路的乘车人，这类乘车人在车站内运动路线长、滞留时间相对较长。所以，这类车站的建设规模较大，结构较为复杂，对装修装饰的要求较高。这类车站的装修装饰要求不仅要有安全性、功能性，同时要考虑舒适性、便捷性。

3. 枢纽站

枢纽站是多种交通形式终点交汇形成的车站，一般是指地铁、城铁、高铁、公共汽车、航空等交汇形成的车站。这类车站内的人流始终保持在密集的状态，而且乘车人一般都有较大的随身携带物在车站内流动的速度较慢、滞留时间长，受外部影响因素作用大，所以建设规模极大，对装修装饰要求最高。这类车站的装修装饰，不仅安全性、功能性、便捷性要求较高，同时要注重舒适性、艺术性、地域性，是对设计、选材、施工技术要求很高的装修装饰工程。这类车站还要承担一定的社会功能，如避险、救灾等。

（二）轨道交通建筑装修装饰工程的基本要求

轨道交通建筑装修装饰工程是车站建设的终端工程，是车站投入使用前的最后终结型施工过程，直接决定了车站投入使用后的运行品质，是轨道交通建设中最为关键、最具亮点、最有社会影响力的建设阶段。轨道交通建筑装修装饰工程的基本要求就是安全、便捷、实用、美观。

1. 轨道交通建筑装修装饰工程要以安全为先

轨道交通中的车站是长久使用的公共建筑，人流密集的公共场所，天然地存在着大量的公共安全隐患，需要通过装修装饰工程尽量减少安全隐患，提高车站的整体安全性能。

（1）要确保客流安全

客流是车站内最主要、最基本的活动内容，也是最容易发生安全事故的因素。必须坚持"以人为本"的指导思想，综合考虑各类不同群体的行为特征，加大对客流安全的保护力度。在装修装饰中要做到通道宽敞、照度明亮、地面平坦、扶手贯通，上、下车安全防范设施齐全，使乘客能够安全、顺畅地在车站内部活动，防止因瞬时高峰客流发生意外危险。同时要在换乘站、枢纽站这类大型车站设置人员紧急救护的设备、设施，以便对发生意外的乘客实施紧急救援。

（2）要确保环境安全

环境安全是公共安全最主要的内容，包括既有环境的安全和安全事故的防范两部分。既有环境的安全是在轨道交通建设过程中，在设计、选材、施工各环节中，要确保环境的安全，主要是站内空气质量安全。要严格执行国家工程用材标准、规范，推广使用不燃、不霉、不蛀、不腐的装修装饰材料，防止有毒、有害材料在轨道交通车站内使用。安全事故的防范主要是在轨道交通建设中要通过安全防范设备、设施的建设，避免意外事故的发生，具有危险事态的紧急处置能力，确保公共安全。

2. 轨道交通建筑装修工程要以便捷为要

轨道交通建设的目的是提高人们出行效率，是否便捷就成为考核轨道交通建设水平的重要内容。轨道交通建筑装修装饰的一项重要的工作内容，要通过相关设备、设施的安装和导向、指示标识的设计、制作、安装提高便捷性。

（1）要提高自动化装备水平

自动化交通设施建设是提高便捷性的硬件条件，垂直电梯、斜坡扶梯、水平自动通道等自动化运载工具的建设，是提高便捷性的物质基础。便捷性是交通设施舒适性的主要构成内容，也是轨道交通建筑装修装饰工程中的一项重要的分项工程，在工程设计、设备采购、安装、调试中，在确保安全的前提下，要充分考虑不同群体的行为特点和需求，进行科学的设计，高质量的采购、安装，确保设备的安全使用。

（2）标识是提高轨道交通便捷性的重要条件

车站内的指引、导向、显示标识，是提高交通便捷性的重要系统，是减少乘客无效运动、提高运动效率的重要设施，也是轨道交通建筑装修装饰工程的重要内容。车站内部标识的完整、有效，是实现轨道交通车站功能的重要组成部分，也体现出装修装饰工程的设计、施工水平。标识的设计、制作与安装，是一项专业性极强的分项工程，必须由专业技术人员按照相关标准、规范进行，以保证车站内客流有秩序的流动。

3. 轨道交通建筑装修装饰要以实用为主

轨道交通建设需要强大的投资力度才能完成，需要进行严密、细致的经济核算，对资金的投入和回收进行评判。车站建筑装修装饰工程虽然是轨道交通建设工程中的亮点，但也需要在满足功能的前提下，精打细算，提高经济效益水平。

（1）轨道交通车站建设要讲求经济、实惠

轨道交通车站是一个专业功能建筑，又具有提供社会公共服务的属性，在建筑装修装饰工程中实现的目标是完善车站的功能，所以必须坚持以完善功能为主的原则，严格防止奢华装修、过度装修。在轨道交通车站装修装饰工程中，要避免使用高档、进口的材料，真正做到就地取材、"粗粮细作"。要在工艺、质量上下功夫，力求克服装修装饰工程中的质量通病，体现出专业化施工的水平。要尽可能地压缩投资，把资金更多地用在功能的完善上，提高车站的实用水平，让乘客更方便、快捷。

（2）车站装修装饰要为经营活动奠定基础

轨道交通车站作为公共建筑空间，具有很高的商业价值，其广告效应更为突出，是车站进行经营活动的重要物质条件。在车站装修装饰中，要为运营后的经营活动做好基础性工作，提高轨道交通的经营能力。要在装修装饰中为未来经营活动留出空间，特别是换乘站、枢纽站，要充分考虑车站运营中商业活动的需求，规划好车站内部的各项商业经营活动，在方便乘客的同时，提高车站的经营能力，使车站的功能得到更好的体现。

4. 轨道交通建筑装修装饰要以美观为求

轨道交通建筑装修装饰工程是社会影响力极强，作用极为持久的公共建筑装修装饰工程。车站的装修装饰效果要经得起人们长期的评价，获得社会的普遍认可，因此，必须满足社会普遍的审美情趣和文化、艺术鉴赏水平。

（1）车站装修装饰要体现出气质

轨道交通中的车站建设，具有体量较大、空间较为广阔的特点，特别是换乘站和枢纽站，更是体量巨大、空间开阔。轨道交通建设中车站的装修装饰，要展现出其气势，形成对人视觉的冲击力和感染力，从而使人们的行为更为规范，这是车站装修装饰所要达成的目标之一。因此，在轨道交通车站建设中，要科学选用各种饰面材料并进行合理的应用，规格要大、色泽要鲜亮统一、材质要坚硬、安装要牢固、效果要大气，避免杂乱无章和拘泥小气造成对恢宏环境影响力的破坏。

（2）车站装修装饰要有文化含量

轨道交通中的车站，使人们日常生活中进入频率最高的建筑，并具有地域分布广、站点多的特点，对人们的精神世界具有重要的影响作用。特别是换乘站和枢纽站，更是一个地区对外展示的重要窗口，对人们第一印象的形成具有重要的作用。因此，对换乘站、枢纽站的装修装饰要有一定的地域文化特征，展示出地方文化、艺术、风俗特点，增加乘客对地方文化特色的了解。同时可以使乘车人更加清晰地识别站点，也对旅途的安全、准确起到一定的辅助作用。

三、轨道交通建筑装修装饰工程的质量控制

轨道交通建筑装修装饰工程是一项专业技术性很强的公共建筑装修装饰工程，涉及的分部、分项工程很多。要建设一个轨道交通建筑装修装饰的精品工程，需要整个工程各环节的质量控制，是一个系统的控制过程。

（一）轨道交通建筑装修装饰工程设计的质量控制

轨道交通建筑装修装饰工程设计是专业性很强的工程设计，设计单位除要有相应的专项工程设计资质外，还要有一定的设计经验才能胜任此项设计任务。轨道交通中车站的装修装饰设计质量控制的主要内容包括以下几个方面。

1. 设计精确度控制

轨道交通中的车站，其构造是一个复杂的系统。要维持车站的运转，需要有调度指挥、信号、安全防范等体系给予保障。建筑装修装饰工程要在全面考虑车站运行特点和要求的基础上，进行装修装饰设计，其精确度控制具体包括以下两个方面的内容。

（1）车站内部整体功能精确度控制

车站内部整体功能精确度控制就是装修装饰工程设计要全面实现轨道交通运行的功能要求，确保运营安全。轨道交通车站内部主要分为设备区和公共活动区两部分，公共活动区内还可分为收费区和非收费区，各区域的分界明确，并有相应的设备、设施进行隔离。建筑装修装饰设计时，要以车站内部整体布局要求为指导进行装修装饰设计，使各功能区域确保功能的实现。特别要处理好不同区域的衔接，保证车站内部装修后的整体性效果。

（2）建筑装修装饰设计深度控制

建筑装修装饰设计深度控制是对某一特定车站的装修装饰设计，是在车站建筑结构施工已经完成后的再设计和深化设计，必须对装修装饰施工过程具有指导性、规范性和可操作性，能够推动将施工现场的作业转移到场外加工，实现施工作业方式的转变，这就要求建筑装修装饰设计要有足够的精确性。装修装饰设计一定要标明各种设备、设施与装饰面的收口；要标明各种材料、部品、部件的材质、规格、型号、数量、施工工艺等指导性数据；要对各分项工程、子项工程的衔接方法和具体工艺进行明确的标注；要大力推广应用成品化、集成化的终端饰面产品，提高装饰面的完整性和秩序性，确保工程的质量、安全。

2. 设计的规范化控制

轨道交通中车站的装修装饰，是专业性很强的工程设计，除国家有关建筑装修装饰工程质量规范外，对车站装修装饰还有行业规范和专项规范。所以，轨道交通车站装修装饰设计的规范化要求很高。

（1）设计过程的规范化控制

轨道交通车站建筑装修装饰设计直接决定了车站的质量安全水平，必须依据国家、行业相关标准、规范进行。其中国家有关建筑装修装饰、建筑防火、照明、智能化等相关标准、规范中的强制性条款必须得到严格执行。轨道交通行业的相关技术标准、规范是进行车站建筑装修装饰设计的主要依据，在设计中必须得到贯彻执行。轨道交通建筑装修工程设计人员，必须掌握相关技术标准、规范，才能从事轨道交通建筑装修装饰工程设计工作。

（2）设计文件的规范化控制

轨道交通车站建筑装修装饰工程设计文件，主要包括设计说明和设计图纸两个主要部分。设计文件的规范化控制，就是设计说明要规范完整，设计图纸要规范清晰。设计说明的规范是要按照相关技术标准的要求、完整、准确地表述工程的设计思想，依据的标准、规范等；设计图纸的规范是要按照相关技术标准的要求，对设计图纸的绘制、相关数据的标注、相关人员的签字和设计负责人、企业技术负责人、企业设计印章等要齐全、合规、合法。

（二）轨道交通建筑装修装饰工程施工的质量控制

轨道交通建筑装修装饰工程的投资额度大，社会影响力强，必须要由资质等级符合要求并有相应的施工组织管理经验的承建商承接工程，并重点监管以下几个施工环节的质量。

1. 工程准备阶段的质量控制

工程的测量与放线和技术交底是保证施工质量的重要环节，必须进行严格的质量管控，才能确保工程质量。施工现场的测量与放线和技术交底是项目部技术负责人及相关技术人员的重要工作内容。

（1）测量与放线的质量控制

轨道交通建筑装修装饰工程的测量与放线是确保工程质量的基础性环节，要由有实际操作经验的工程技术人员借助测量仪器设备进行。测量要按照设计图纸，实际测量建筑结构、装修装饰作业面的具体尺寸，对设计图纸进行校正。放线是在建筑结构表面标出作业面和完成面的具体位置，其中作业面放线是指导隐蔽工程施工的标记；完成面放线是指导装饰面工程施工的标记。测量放线应标出水平基准线、标高线、定位线、定位点等主要坐标。

为了确保测量与放线的精准性，应组织对测量与放线的复核，方法是以另一批工程技术人员使用同一套测量仪器设备进行线、点精确度的测量，确认相关线、点的位置。

（2）技术交底的质量控制

技术交底是确保施工质量的重要环节。技术交底是项目部工程技术人员根据工程施工图纸的要求和相关工法、工艺纪律等，对各分项工程、子项工程进行技术细化，转化成为下发给专业分包商、劳务分包商的技术指令，传达到施工作业层的相关技术人员，由专业分包商、劳务分包商的技术人员具体布置到施工作业人员。技术交底是进行工程监督、管理的重要依据，必须完整、详细、准确，并作为工程的重要技术资料归档保存。

2. 施工过程的质量控制

轨道交通建筑装修装饰工程施工时间较长，特别是换乘站、枢纽站的装修装饰涉及的材料多、工艺相对复杂，需要加强施工过程的质量控制，重点抓住材料、工艺、安全三个方面的监督管理，才能确保工程质量。

（1）工程材料的质量控制

由于轨道交通中车站是使用频率高、强度大的公共建筑，对装修装饰材料的耐久性要求较高，主要以石材、金属材料、玻璃等材料为主。对轨道交通车站建筑装修装饰工程的材料管控，重点是对材料合规、合法性的管理，以确保材料的材质、等级、规格符合设计图纸要求。要特别注重对材料供应商的筛选，并把诚信经营作为首要条件；要严把材料进场关，校验材料检测报告及相关认证；要按规范要求进行材料的复试、复检和相关试验；要严格按照相关制度要求做好材料的储存、运输、领用。

（2）施工工艺的质量控制

施工工艺是质量形成的关键，相同的材料、不同的施工工艺其内在、长久的质量水平差异极大。目前在轨道交通建设中，车站出现的大量质量通病，很多都是施工工艺错误造成的。要加强对施工工艺的质量控制，就要加强对操作人员的培训、考核、筛选，使操作人员熟知工艺程序、工艺要求、工艺纪律，以正确的方法进行施工。要严格按照技术交底的工艺要求加强对施工过程的监督，发现违反施工工艺的要及时纠正；对已经完工，但存在工艺偏差的工程，要及时组织返工，以确保工程质量。

（3）施工安全的管理控制

轨道交通车站的装修装饰工程一般是在比较封闭的空间内进行施工作业，安全管理极为重要。要坚决落实安全生产责任制，加强对施工作业人员的安全教育和事故的防范，特别是对火灾事故要加强安全防范。要严格执行施工现场的消防安全制度，强化责任人的责任，对使用明火作业的必须加强安全防护措施，确保施工现场的安全。

四、结束语

轨道交通作为城际交通和区域内交通的主要形式，在我国经济发展，特别是城市建设中发挥着无可替代的作用，但又是一个形成细分专业市场时间不长的新型专业。特别是在地铁、城铁、高铁车站建筑装修装饰工程领域，虽然积累了一定的设计、施工管理经验，但距离上升到理论、形成较为完整的专业理论体系还有很大的空间，是行业从业者今后工作的努力方向。未来轨道交通建筑装修装饰行业要在专业理论探索方面进行尝试，为我国轨道交通建设事业做些基础性工作。本书由于水平的限制，必然存在着不足和偏差，在此抛砖引玉，希望行业同仁继续努力，不断完善。

关于地铁规划与设计的探讨

王本明、孟尧

地下铁路交通作为现代大城市公共交通配套服务体系中的重要组成部分，已经成为全球各大城市中的标准配置和建设重点。我国作为全球最大的发展中国家，城市化水平在快速提高，城市地铁建设已经成为城市发展中的关键性配套工程，是供给侧结构性改革中重点投资领域。如何把地铁建设得更好，全面展示好中国的硬实力和软实力，就成为地铁建设中的一个重要的课题，需要进行认真的思考和研究。

地铁建设工程具有投资大、建设工期长、施工难度大、牵扯利益群体多、社会影响面广、经济与社会作用久远的基本特点，需要进行全局与局部、经济与社会、技术与文化、公共与个体等关系的通盘构思、筹划与计算，才能发挥出地铁建设工程最大的经济效益与社会效益。规划与设计是城市地铁建设工程实施过程的重要阶段，规划与设计的质量水平，直接决定了一个城市地铁系统的发展前景、整体布局、系统配套、运营效率和社会影响力。其中规划是战略性的决策，是由政府完成的职能，这里重点谈谈作为一各地铁建设工程参与者，在设计方面的一些见解。

不容回避的是我国地铁建设由于国家实力的制约，起步比发达国家晚了半个多世纪。但中国国家的综合实力提高速度快、后发优势明显，赶超世界先进水平的步伐坚定、有力。在这一大背景下，中国地铁建设能否快速达到国际先进水平，就同工程设计人员的能力与水平密切相关。当前，我国地铁建设基础工程的技术装备已经是世界一流的，在工程中把质量、文化、艺术水平等水平更好地展现给社会，切实体现出中国特色，就成为地铁工程设计人员的重要任务，其中地铁站点的设计又是重点中的重点。

中国是一个具有五千多年文明传承的国家。中华文明的文化、艺术历史沉淀久远，内容丰富多彩、博大精深、体系完整、基因强大。如何在不断增强民族自信、文化自信的基础上，把我国的文化、艺术更好地融入地铁设计之中，使地铁这一地下建筑网络，成为展示与传播中华文明的窗口和舞台，成为城市中一个新的"地下博物馆"或"地下艺术馆"，充分展现出我国文化、艺术的软实力，是地铁设计师们应该研究与解决的重要课题。

中国文化、艺术的表现形式极为丰富，具有强烈的历史性、民族性、地域性，都是内心精神世界反映的表象。中华文明的博大，是中华文明特有的精神内涵和智慧，这是属于中国的特殊财富。作为一个地铁设计人员，要深度挖掘中华文化的内涵，设计出经典作品，表现出文化、艺术特色。这需要一个长期的由表及里、由浅入深的感知、领会、创作的过程。在这一过程中要重点把握住三个思想要点。

第一是要不断强化创新意识。传承中华文明绝不是照搬中国文化、艺术的某些个别元素，抄袭前人的文化、艺术成果，而是站在前人肩膀上的再创作、创意、创新。要使中国文化成为引领国际的时尚，就必然要有一个将中国文化融入现代文化、艺术领域的过程。这个过程不是物理性的机械过程，而是一个化学性的融合过程，设计师的职责就是溶解剂和催化剂的制造者。紧紧把握住中华文明的脉络和基因，在创新中把中国文化、艺术的元素植入现代化、国际化的专业领域，是展示与传播中华文化的最基本的途径。

把中国文化融入地铁设计中，是一个完整的创新过程，包括中华文化精髓的主题创意，把中华文化元素的再创作融入工程设计之中，用技术、材料创新展示创作作品等各个环节。包容和创新是中华文明最重要的思想基础，也是指导设计师进行设计创作的灵魂。要以尊重、敬仰、虔诚的心态去深入研究、探讨和认知中华文化的精髓，根据确定的主题思想去展开设计创作，以达到预定的设计目标，使人们在匆匆经过的瞬间，感受到中华文化提供的正能量。

把中国文化融入地铁设计中的目的，是营造一个符合中国文化传统、价值取向、审美情趣的氛围。为表现出特定站点的区域特征、历史渊源、人文经典和建设成就，就更需要有创新的意识去完成工程的设计任务。要特别注重技术、材料的创新，以先进的照明、展示、陈设技术和高科技的新型材料运用，达到设计的预期目的和整体效果。近些年来，敢为人先应用新材料、新技术的成功案例有很多，值得广大设计师学习、借鉴。

第二是要不断强化人文意识。以人为本、和谐共处是中华文明的重要思想基础，也是中华民族优秀文化与智慧的重要体现。地铁作为服务于大众出行的交通工具，坚持人文意识，为大众提供舒适、便捷、高效的公共交通服务，是地铁建设及设计的出发点和根本目的。以满足人们日益增长的，在公共交通领域的物质与精神需求为宗旨，全面完善地铁的服务功能、以适应社会发展时代特点来进行地铁设计，是设计师的一项基本职责。

完善地铁的公共交通运输功能，提高人们出行的满意度和幸福感，不仅要有现代化技术装备的硬件投入，也需要设计师智慧与才能的投入，才能圆满达到预设的目标。其中对大众行为的引导和对特殊群体的关怀是人文意识体现的重点。地铁车站内的标识的准确性、指引性、生动性与对老年人、儿童、孕妇等特殊群体出行服务设施的完备性与适用性设计，是体现人文关怀的设计重点，也是地铁设计中的一个重要组成部分。

作为地铁的使用者，我们在地铁车站就亲身感受到我国地铁车站内的标识是何等的枯燥乏味，在这一领域还有很大的创作与创新空间。把中国文化中人们喜闻乐见、生动活泼、积极向上的元素融入地铁设计之中，使标识更准确、更清晰、更醒目、更生动，创造出一个轻松、活泼、充满情趣的公共交通环境，使人们感受到中华文化的魅力和中国地铁的特色，这是设计师的重要职责。

除了氛围的营造外，我国地铁在空间布局上对人的关爱也有很大的提升空间，特别是对特殊群体的关爱还存在着一些欠缺。例如对孕妇、带婴儿的乘客等群体，缺乏满足他们特殊需求的空间；对老年人、儿童的安全保护和公共紧急救助等领域，也没有预设的空间等，都体现出我国地铁在当前的空间布局设计上缺少人文关怀精神。在国家综合实力日益增强的情况下，在地铁规划设计时，注重特殊群体空间需求的设计，也是展示中华文明中人文关怀、以人为本的很好诠释，更能突出中国地铁的特色。

第三是要不断强化环境意识。天人合一、物尽其用是中华文明的一种重要表现。要做到与大自然和谐共生，就必须对人类的活动有所约束，才能具有可持续发展的能力。地铁作为公共交通的重要工具，如何把节能减排、安全环保的思想意识融入地铁设计之中，是设计师们面临的一个重要课题。在人类掌控的各类资源日益枯竭的大背景下，如何在地铁设计中提高资源、能源的使用效率，确保地铁空间环境品质，也是设计师的重要职责。

绿色发展是人类发展理念的新境界，是生态文明建设的主要理论依据。在地铁设计中贯彻绿色发展的理念，主要表现在空间环境品质的保证和工程材料的环境影响水平两个重点领域。地铁作为公共交通工具，其空间环境品质直接影响到人们的安全、健康，环境的温度、湿度、光照、空气质量等的要求标准较高，在空间环境营造上要进行统筹规划、合理配置、确保品质达到标准要求。重点是对各种产品、材料性能、成分，使用的安全性、稳定性等的把握和控制，最大限度地做到功能达标、节能减排、安全环保。

　　加强环境意识的另一个重要方面就是要全寿命周期考查产品、材料对环境的影响。对产品、材料的考核应以原材料来源、生产过程污染物排放强度、储运过程对环境的影响、使用中的安全性与可更新性、报废后的消纳与回收等全寿命期的整体环境影响水平进行取舍。要尽可能选择对自然环境破坏强度低、污染少、功能先进、可靠的产品和材料，以最小的环境代价取得更好的空间环境营造效果。

　　地铁设计在我国还是一个较为年轻的新设计领域，需要从业者的持续研究、探索与实践。当前地铁建设将跨入新的发展阶段，对地铁设计的要求会越来越高。地铁设计师有责任把具有中国特色的地铁设计引向新的高度。

建筑装修装饰工程设计的施工现场配合

门亚磊

　　经过审定的建筑装修装饰工程设计从理论上讲应该是完满的。但由于受设计者、审核者个人能力与水平的制约，也可能出现不足和偏差。建筑装修装饰工程施工是一个多种部品、部件、构件生产制造和安装的过程，存在着大量的不确定、不稳定因素，也需要设计者及时作出调整和改动，才能保证工程的顺利实施和质量。所以，建筑装修装饰工程设计单位在工程施工现场必须配置设计人员，以及时解决施工现场的设计变更要求。

　　设计变更是由于施工条件、现场状态等发生变化而引发的设计文件资料的调整与修改，是建筑装修装饰工程施工过程中经常出现的常规性事件。引发设计变更的因素复杂多样，但都需要对设计图纸、技术交底等文件资料进行修改，这是建筑装修装饰工程设计单位在施工现场中配合施工单位及监理单位的主要工作内容。引发设计变更的主要动因来自于甲方或业主，其提出的任何新需求都要引发施工现场中的设计变更，需要设计单位及时配合。除此之外，引发设计变更的还有以下情况。

　　第一是原设计中存在的瑕疵。受设计者、审核者个人专业知识的制约，再加上我国建筑装修装饰工程设计周期短，特别是施工图设计时各专业的沟通不充分，原设计中可能存在的欠缺。在施工过程中被发现，引发设计变更在工程中时有发生。如工程设计中选用的设备、设施在性能指标、技术参数上不是最先进的，特别是在节能减排、环保安全方面有了新的产品和设备、设施，经过施工方的合理化建议，甲方或业主采纳了施工方的建议，就会由于设备、设施的规格、体积、质量等的变化，引发设计图纸的变更。

　　另一种设计瑕疵就是设计的前瞻性不足，造成施工过程中的改变。例如原建筑结构存在着严重的不合理状况，但在设计阶段甲方或业主没有提出调整的要求，设计单位也没有给甲方或业主以足够的提醒和建议，使设计保留了原有结构。致使在施工过程中才被发现，由施工方提出结构调整的合理化建议，甲方或业主采纳了施工方的建议，就会由于建筑结构的调整产生设计变更，引发一系列设计图纸的修改。

　　在设计、施工分离的建筑装修装饰工程实施模式中，设计中存在缺陷的责任认定有着较大的差异性和不确定性，极易引发各方的矛盾，对工程的顺利实施和质量保障都会产生负面影响。正是基于这种情况，建设行政管理部门提出了设计、施工一体化的专项工程总承包制，以制度创新清晰责任，进而提高工程质量和经济效益。

　　第二是施工过程中造成的偏差。建筑装修装饰工程是一个多分项工程、多种工序联合协同的施工过程，在一个装修装饰面上，形成了多工种、多工序的施工过程。由于各专业在施工过程中技术、时间、空间的差异性，必然形成相互影响与干扰，形成接头、收口、成品保护等一系列技术性问题，极易产生最终装饰面上的偏差。由于施工过程没有严格、科学的顺序，造成了工程接头、收口偏差，也会形成设计文件的变更和修改。

　　在专业化要求高的复杂装修装饰界面上，如地铁车站的顶部，就不仅有各种不同的照明设备，同时还有喷淋头、烟感器、防火分区墙、风篦子、摄像头、PIS屏，还要有导向牌、标识牌等。如此复杂的专业施工过程，即使进行了施工顺序的预先编排，也会产生出不可预见或控制的偏差，致使施工现场状态复杂化，需要设计单位的专业设计人员在施工现场对设计图纸进行调整，以保证各专业工程的顺利实施。

　　建筑装修装饰工程施工中产生偏差，需要进行设计变更的另一种情况是施工过程中部品、部件、饰件生产制造、加工与设计存在着差异。对于具有较丰富施工经验的施工单位，会在施工图深化设计过程中发现原设计中存在的瑕疵或失误，并主动提出对其进行调整的建议报送甲方或业主，得到甲方或业主的同意后，形成了正式的施工指导技术文件，就需要原设计单位作出调整和修改，从而产生设计变更。

除设计变更外，建筑装修装饰工程设计单位在施工现场的派驻人员还负有监督、指导、协调的重要职责，以保证工程的实施过程符合设计的要求。在建筑装修装饰工程质量形成的过程中，由于存在着经济利益的冲突，形成对工程质量的隐患。建筑装修装饰工程设计单位作为重要的一方责任主体，对建筑装修装饰工程质量具有不可推卸的责任。所以，派驻人员在现场对整个质量行程进行有效控制，也是设计单位必须完成的工作任务。

设计单位在施工现场的监督作用主要体现在日常监督上。设计单位派驻人员要对施工方执行设计文件的准确性进行日常监督，及时发现并报告、解决施工方违反设计文件的行为，确保设计文件的准确执行。要特别注重发挥好设计单位的地位优势，对材料、部品、部件质量和施工工艺、工法的监督控制，形成对施工方强有力的约束力，保证工程质量达到设计确定的标准。

设计单位在施工现场的指导作用主要体现在技术指导方面。设计单位派驻人员要对施工方进行技术指导，特别是对新技术、新材料、新产品、新工艺的应用进行技术指导。要积极参与施工方技术交底的编制，突出技术要点及关键性技术难点，认真指导施工操作人员执行相应的技术规程、工艺纪律，确保技术实施的准确性和工程质量水平。

设计单位在施工现场的协调作用主要体现在设计变更的落实方面。建筑装修装饰工程实施中的设计变更，会引起多工序之间的调整，需要进行统一部署，协调好各方面的关系，才能保证工程的顺利实施，这也是设计单位的重要职责。设计单位派驻人员要按照设计变更，对施工的各专业分包商、供应商进行协商、调整，使设计变更能够得到有效落实，以保障工程的顺利实施。

建筑装修装饰工程设计单位在工程实施现场的配合成果，集中体现在工程质量验收报告中，工程的所有参与方都在验收报告中确认、盖章。建筑装修装饰工程质量验收报告是对工程质量的权威评价和认定，表明工程设计意图得到了实现，此项建设投资达到了预期的目标，是对工程所有参与方的肯定，从而建筑装修装饰工程设计与施工现场的配合也达到了一个令人满意的结果。

设计与现场施工的配合

张守车

多年来从事地铁车站装修施工图设计，施工现场去得多，现就轨道交通工程设计特点与现场配合，总结几点感受。

轨道交通工程设计的特点

1. 地铁装修设计周期长，从提出装修概念设计到施工图设计一般要 2~3 年的时间，工作连贯性差。2. 装修方案难于确认，留给施工图设计的时间非常短。3. 装修界面相关专业接口多，各专业协调工作量大。并且受专业设备招标的影响，各专业提资的进度不一致造成装修设计图纸反复修改，增加了图纸质量风险。

以重庆轨道交通建设为例，初步设计阶段，重庆轨道交通首轮建设中装修专业未参与建筑的初步设计，也没要求装修专业会签，装修与其他专业接口划分不明确。在装修设计过程中发现某些车站建筑现场与图纸不符，特别是站厅通向站台扶梯洞口侧墙装修只留了 50mm 理论距离，一般结构允许偏差为 ±20mm，加上自动扶梯安装偏差最终的洞口侧墙装修距离最小只有 20mm，要采用非常规的安装方式或变更装饰材料才能满足扶梯验收规范要求。

在轨道交通第二轮建设中，装修设计方向土建方的各专业提出要求，例如：公共区离壁墙距离、消火栓箱哪些部位结构要预留洞口、装修吊顶厚度、楼梯踏步距吊顶的净空距离等，并明确了装修与其他专业接口文件。在会签建筑图纸时对影响装修效果的方方面面提出了合理化建议，这样既加快了设计和施工的进度，同时也避免了现场拆改返工，节约了投资。

施工图设计阶段：装修总体方案确定后，设计师要对方案进行消化，做到心中有数，尽量采用包容性设计，以应对各种问题。

顶棚：车站的装修效果顶棚造型是重点之一，由于顶棚上各专业管线交叉纵横、错综复杂。与其他专业配合的先后顺序是管综→暖通→给排水→通信→导向→通信→FAS。管综和暖通专业是装修配合的第一步也是最关键部分。装修专业根据建筑提供的顶棚轮廓线再结合装修方案提供初步的顶棚造型及灯具布置，提资给管综和暖通专业，管综和暖通专业根据装修造型进行设计，在设计过程中双方积极沟通，提出合理化建议，最终才能达成各专业最好的效果。顶棚再根据其他专业的提资，主要综合有喷淋（设计规范 3.6m ≤ 喷淋间距 ≤ 2.4m，定位在装修板中或方通间隙下）、摄像头、PIS 屏、导向牌、烟感（间距设计规范 ≤ 11.6m，定位在装修板中或结构板下）、温感（间距设计规范 ≤ 6.6m，定位在装修板中或结构板下）、广播（间距设计规范 ≤ 6m，定位在装修板中或方通上）、天线、时钟等末端，要了解基本的专业末端设计规范，并且要注意站台层 PIS 屏、导向牌、摄像机与站台门可开启检修门距离。

墙面：标准车站的墙面一般采用标准板设计，装修设计与其他专业末端配合的先后顺序是消火栓箱（间距设计规范 ≤ 30m）→嵌入式导向牌→嵌入式灯箱（或电子多媒体屏）→电光型疏散指示（设计规范 10m，定位在装修板中，高度为 1m 以下）→手动报警按钮→温湿度传感器→声光报警器→清扫插座。

地面：地面采用标准板石材设计，地面应设置 8mm 宽的材料伸缩缝，依据 AFC 闸机位置布置盲道的走向，根据通道出入口或楼扶梯位置布置连续性地面蓄光型疏散指示。

施工图设计容易忽视的部位

1. 公共区墙面采用搪瓷钢板、钢化夹胶玻璃等不能在现场开孔的装修材料时，装修立面图上需准确反映各专业设备末端并定位，并要各专业在立面图纸会签。

2. 地面蓄光型疏散指示在《地铁设计规范》GB 50157-2013 中未明确两个地面蓄光型疏散指示距离，设计师在做不同城市项目时应查当地地面蓄光型疏散指示的地方标准。

3. 付费区与非付费区分区栏杆设计要注意地面 AFC 线槽位置，不得把栏杆布置在 AFC 线槽上部。

4. 在通道自动扶梯外侧与墙面装修净距大于 110mm，应设置封堵栏杆。

施工图纸使设计转换为建筑成品，那么设计交底及设计现场配合是一个重要环节，做到完善设计。解决现场与设计图纸不一致问题并提出解决方案，施工单位对图纸会审提出的问题要清晰明确地解答；并且对重点部位要做到可预见性防控，避免工程出现不必要的损失。设计是为业主、施工单位服务的，保存好现场配合会议纪要及过程资料，为以后的归档留下合格翔实的资料。

现场配合和运营发现的问题及解决方案

1. 站厅到站台楼扶梯口装修是比较复杂的部位，其中之一是因为接口多。虽然设计在施工交底文件中作了重点要求，设计图纸也有相关节点，由于多家施工单位（栏杆施工单位、地面施工单位、墙面顶棚施工单位、扶梯施工单位、导向施工单位）经常为了赶工期，无统一工序安排，最后收口无法按图实施，增加了现场配合工作量还影响了装修效果。建议：车站装修最好由一家施工单位实施，更能把控施工进度和施工质量。

2. 公共区站台层站台门绝缘区域是一个重点部位，除了设计图纸要清晰完整，还需组织装修单位、站台门施工单位、设计单位、监理、业主进行专门的会议，以确定接口关系、施工顺序及现场保护。

3. 在现场配合过程中提出合理化建议：公共区站台层楼扶梯与站台门之间的顶棚是管线集中，也是影响整个站台层吊顶标高的最关键点，原来结构设计梁与楼板设计了 300mm 高的吊顶，严重影响了管综的排布，以致影响了装修顶棚标高。在与结构专业讨论和计算后，在新建车站取消了。

4. 重庆是多雨的城市，地下水位比较高，有些车站投入营运一年后出现了通道地面潮湿，地面积水严重等问题，通过业主组织运营、施工、设计、监理调查发现渗水点位置结构变形缝部位出入口通道未设置离壁墙排水沟。设计单位针对问题提出了解决措施：在结构变形缝位置设置离壁墙排水沟，并将水引到就近集水坑。

一个好的车站装修设计，从建筑初步设计→装修概念设计→施工图设计→设计施工配合各个阶段是环环相扣，完善的设计使现场配合工作量大大减少，反过来做好施工配合又能促进设计水平的提高。

地铁站施工图设计的意义及经验探讨

朱海东

一、轨道交通深化设计的意义和作用

轨道交通特别是地铁车站功能比较复杂，涉及专业较多，它主要的功能是要解决客流的集散、换乘，同时也要保证整条线路中的技术设备运转、信息控制、运行管理，以确保交通的通畅、便捷、准时和安全。地铁车站设计涉及专业有：客流预测、线路、限界、行车、建筑、结构、通风、动照、给排水、气体消防、FAS、BAS、通信、信号、供电、接触网、杂散电流、安全门、人防、电扶梯、AFC等。所以在实际设计中根据地下建筑的特点，各专业需要相互配合，明确各专业交叉施工界面。

这里我侧重谈一下施工深化设计。轨道交通深化设计是方案设计的延续补充和细化，通过深化设计完成方案设计可行性设计，结合投资、现场、当地文化、目前市场材料与结构，完成方案设计的全套系统化施工图，主要起到以下几个方面的作用：

1. 通过对施工招标图的继续深化，对具体构造方式、工艺做法和工序安排进行优化调整，使深化设计后的施工图完全具备可实施性，满足装饰工程精确按图施工的严格要求。

2. 通过深化设计对施工招标图中未能表达详细的工艺性节点、剖面进行优化补充，对工程量清单中未包括的施工内容进行补漏拾遗，准确调整施工预算。

3. 进一步明确装饰与土建等其他专业的施工界面，明确彼此可能交叉施工的内容，为各专业顺利配合施工创造有利条件。

4. 作为设计与施工之间的介质，立足于协调配合其他专业，保证装修方案设计施工的可行性，同时保障各个地区轨道交通在融合该地区人文特点和地域特色的基础上进行的设计创意能够最终实现。同时，发现和反映问题，并提出建设性解决方法。协助主体设计单位发现方案中存在的问题，发现各专业之间可能存在的交叉。提出合理性建议提交主体设计单位参考，加快推进项目进度。

二、轨道交通地铁站的深化设计主要涵盖内容

包括总规划平面图，站台层（平面图、地饰、放线图、空调系统定位、索引、火灾报警系统定位、顶棚铺设定位、设备、放线总平面图、顶棚综合布置、通号系统定位、剖面图），详图大样（天窗、方柱、挂片与灯具交接、扶梯），等等。

三、深化设计步骤

施工深化是室内设计过程中一个重要环节，需要专业施工经验及材料搭配、细节收口处理等技能辅助。充分掌握设计意图，大体需要有几个步骤完成：

1. 平面尺寸定位

要求现场深化设计师按照图纸结合现场情况，如实地反映在图纸上，并且要明确所有平面上所需装饰部位的尺寸，一定要在现场的每一个部位进行实地测量，每个尺寸都要经得起推敲和具可实施性。

2. 立面装饰定位

在平面尺寸定位的基础上把立面上的装饰如实地反映到墙面上，必须明确在墙面上的不同材质的部位和大小，这样方便施工交底，不容易出错，而且发现尺寸或比例有问题时可以及时调整。

3. 节点深化修改

在做好平面尺寸定位和立面装饰定位的基础上，对一些不同材质的收口或有造型的部位进行细化，尤其是一些内部结构部分，施工图画得细致深入，才能方便工人施工，不会出错。有些还要预先留好收口位置，分析施工的先后顺序，确保施工工艺的合理性。

4. 现场施工技术交底和监督指导

对现场的施工管理员以及施工班组进行技术交底，确保深化图纸能够实施下去，统一施工做法，便于管理，在施工过程中强调设计师要肩负起质量监督和规范施工的责任。如果现场有疑问应该及时解决，协助项目部管理好项目。

5. 竣工图编制

竣工图设计，一方面为了项目存档，另一方面为了使用方的后期运维管理，也为施工方提供必要的竣工结算依据。所用材料、做法，及各专业之间在项目施工过程中的变更及签证，全部体现在竣工图中，为以后的归档、运维以及结算提供参考及依据。因此竣工图编制意义重大。

艺术需要时间

薛彦波　北京交通大学建筑与艺术学院副教授

在大力发展城市公共交通的政策导向下，目前我国已有、在建或规划有轨道交通的城市超过 40 座，轨道交通在提供便捷高效环保的公共交通的同时，其空间也成为大多数市民生活内容中不能缺少的环节，与人们的日常生活体验息息相关。同时，因轨道交通空间的公共开放性，其作为城市文化艺术展示窗口的作用也日益重要。

轨道交通空间的艺术性问题从来没有被忽略过。总结起来，设计师营造轨道交通空间的艺术效果主要有三种方式。一是运用建筑设计手法达到交通空间的艺术效果。当然所有轨道交通建筑都有空间效果方面的考虑，但有些案例比较典型，如美国华盛顿的地铁系统，采用暴露清水混凝土结构构件的重复与韵律形成朴素大方的空间效果。二是艺术家与建筑师紧密合作，将艺术创意与轨道建筑设计有机结合，形成浑然一体的空间艺术效果，如德国杜塞尔多夫的韦尔哈恩（Wehrhahn）地铁线和著名的瑞典斯德哥尔摩的地铁系统。第三种是建筑师在轨道交通空间中预留安置艺术作品的位置，然后根据预留位置选择艺术作品或由艺术家根据预留位置的条件进行创作，如北京地铁二号线的西直门站和建国门站等。无论哪种方式，要想取得理想的效果，有些重要的条件要具备，如充足的创作时间、宽裕的造价预算、优秀的设计师和艺术家，还有具备较高品位和艺术鉴赏力的专家评委和决策者。据说杜塞尔多夫韦尔哈恩地铁线长度 3.2 公里，从策划到修建耗时 15 年，花费高达 8.43 亿欧元，但一经开通，让整个世界觉得惊艳。

我国目前处在轨道交通建设的高峰期，各个项目从设计、施工到验收开通，时间安排非常紧张，项目重要环节的决策机制也多有不合理的地方，这在一定程度上制约了完成空间的艺术品质。从近年完成的轨道交通空间的艺术装饰手段看，浮雕和壁画这些传统艺术形式仍然占了较大比例，如西安地铁 3 号线小寨地铁站的浮雕壁画、成都地铁 3 号线熊猫大道站的壁画、郑州地铁 2 号线二里岗站的主题浮雕壁画等，除了材料和工艺方面占据了时代优势，在艺术水准方面，与北京地铁 2 号线的经典壁画相比还是相距甚远。

科学技术解决不了人类生存所面临的所有问题，艺术是忙忙碌碌、浑浑噩噩的尘世里人们心灵能得到慰藉的港湾，有这种作用的作品，不是工期和效率压力下能强挤出来的。艺术需要时间。

浅谈 BIM 技术在地铁项目中的运用及未来的发展方向

张涛

我们深知城市工程建设都涉及政府、业主、设计、施工、运营等多个部门和环节，每个部门又包含如建筑、结构、暖通、给排水等多个专业。随着工程规模越来越大，分工也愈加精细，各部门、各专业之间的信息共享、协同工作越发重要。而一项新技术的应用，编织出一个完整的数字模型，让一切先在电脑屏幕上立体呈现、精确计算、灵活设计，省时、省力、省心，这就是 BIM 技术。BIM 技术的应用，使得工程"全生命周期"内的数据信息能实现共享和监控。

BIM 技术的兴起已经不是一天两天的时间了，BIM 技术的运用更让很多企业得到了"甜头"。在近几年的时间里，BIM 在中国不但得到了广泛地认识，更以星火燎原之势，深入到工程建设行业的方方面面。无论是大规模设计复杂的概念性项目，还是普遍存在的中小型实用项目，BIM 在中国经历了多年的市场孕育，已经开始起跑加速。如今，要不要用 BIM 已经不是问题，如何用好 BIM 才是问题的关键。所以接下来将以地铁项目为案例，来浅谈一下 BIM 技术在地铁方面的运用及未来 BIM 在地铁方面的发展方向。

记得几年前，有人说 BIM 只是个软件而已，只要学会了软件就是学会了 BIM，导致很多人把软件学会了也似乎没尝到 BIM 带来的优越感、自豪感及方便快捷性。那是为什么呢？其实很多用 BIM 做过项目的人都知道，不是简单的一个软件就能概括它的优势，在轨道交通枢纽方面，BIM 的主要运用在以下几个方面：

1. 运用相关软件实现车站的建筑及结构的优化。

2. 实现管线综合机电碰撞检测的优化。

3. 设计阶段，实现可视化方案分析及各专业协同设计。

4. 施工阶段，实现工程进度的 4D 模拟及施工指导、材料下单。

5. 竣工阶段，实现运营及维护过程中对其有故障的设备等问题的排查。

那么具体在地铁的项目运用上，我们是如何实现 BIM 的呢？

BIM 所搭建的协同工作平台就像时下流行的微信朋友圈，某一方面更新数据，其他方面也能看到，并对各自图纸做出相应调整，避免实际施工时多专业图纸间的碰撞。通过一系列的信息赋予、添加、修改，BIM 最终成为一个贯穿规划、设计、施工、运维等地铁全生命周期的数字化、可视化、一体化系统信息管理平台，真正实现地铁的信息透明化。

BIM 的可视化、协调性、模拟性、优化性、可出图性五大特点，以数字方式的"思维"把管理思想、运作流程抽象提升后优化、标准化、固化到软件系统中，以获取更多的信息。利用信息做增值服务，创造新的商业机会，在重构后的产业链中占有一席之地。

1. 可视化

BIM 提供了可视化的思路，让人们将以往的线条式的构件形成一种三维的立体实物图形展示在人们的面前，增强了同构件之间的互动性和反馈性。在 BIM 应用过程中，可视化的结果不仅可以用来展示效果图及报表的生成；更重要的是，项目设计、建造、运营过程中的沟通、讨论、决策都在可视化的状态下进行。

2. 协调性

BIM 允许不同专业、不同设计者在同一个模型中添加、修改、存储不同的信息，保持模

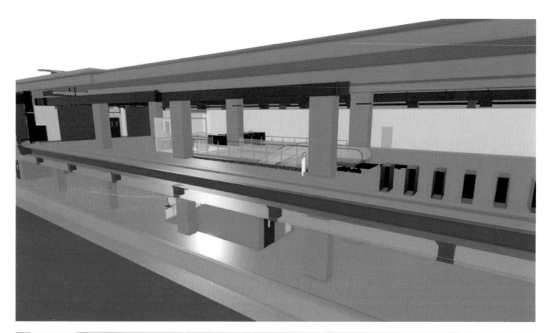

型的实时更新和统一性。另一方面，BIM 技术可通过碰撞检查、4D 动态模拟等实现地铁不同阶段的模拟协调，预知施工阶段存在的场地冲突、管线碰撞等问题，在设计阶段就提前解决，减少因信息不共享造成的不同阶段常见的错、漏、碰、缺问题。

3. 模拟性

　　BIM 可以进行节能模拟、紧急疏散模拟、日照模拟、热能传导模拟等可持续设计，从而确保工程建设的安全；可以进行 4D 模拟，从而来确定合理的施工方案，进行数字化、精细化的工程建设；可以进行 5D 模拟（基于 3D 模型的造价控制），从而实现成本控制；可以模拟处理日常紧急情况的方式，例如地震人员逃生模拟及消防人员疏散模拟等。

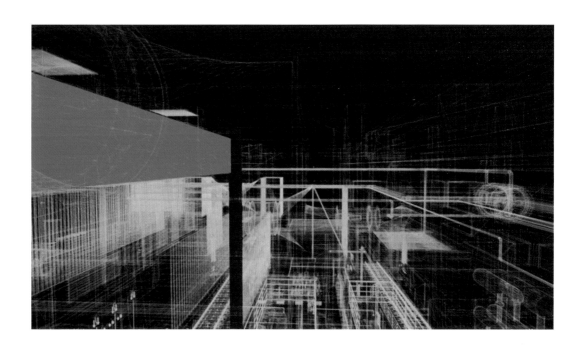

4. 优化性

BIM 技术可以进行项目方案优化，把项目设计和投资回报分析结合起来，能够实时计算出设计变化对投资回报的影响，通过不同方案的对比，为决策者提供最优方案；可以对施工难度比较大和施工问题比较多的地方进行优化，带来显著的工期和造价改进。

5. 可出图性

BIM 技术通过对虚拟的模型进行三维可视化展示、协调、模拟、优化以后，可以帮助设计方和业主生成综合管线图、综合结构留洞图、施工图、碰撞检查侦错报告和建议改进方案等。

然而，如此"万能"的 BIM 技术在国内的发展就真的一帆风顺吗？事实并非如此。其带来的经济效益和社会效益并未受到广泛认同，BIM 技术的发展和应用正在受到挑战。具体来说，阻碍 BIM 在国内发展的原因主要归结为以下四点：

第一，BIM 技术应用需求在当前传统的轨道交通项目的专项经费和取费标准等问题还在研究。轨道交通 BIM 的相关算量标准也还在制定过程中，这导致相关方不敢贸然尝试。

第二，大多数业主和建设单位对 BIM 的认识还不够深，甚至还有一些误解，对 BIM 在轨道交通项目中的具体价值和应用范围不太了解。

第三，现有的出图、验收等规范还无法采用 BIM 的输出形式，只有部分城市将 BIM 成果作为中间过程，还没有达到法定的高度。目前国家标准层面并不支持 3D 交付，这意味着所有的 BIM 模型最终必须要转换成为符合标准的 2D 图纸，结果就造成设计院的 BIM 应用往往存在一个"翻模"的过程。

第四，BIM 技术应用人才以及软件、硬件的配置现状也限制了 BIM 的部分应用。同时，实施 BIM 技术对计算机的硬件要求较高，前期投入较多，短期内又很难带来经济效益，对于

　　许多中、小型企业来说是一项巨大的挑战。此外，国内设计单位、地铁施工企业等业务水平参差不齐，而设计变更、图纸调整等所带来的巨大的模型维护工作量对专业人才的要求较高。

　　在此列举了一些城市在地铁项目中运用 BIM 技术的案例。

1. 厦门——业主主导，工程师实施的 BIM

　　厦门轨道交通 1 号线一期工程是连接厦门本岛和北部集美区的一条南北向骨干线路，线路长度为 32.9 公里，共设置车站 27 座，综合维修基地 1 座，停车场 1 座，主变电所 2 座，控制中心 1 座。它是国内第一个采用业主主导、BIM 咨询单位统筹管理和设计、施工、监理、运维等各方参与实施的 BIM 模式，以实现"业主主导的 BIM，工程师实施的 BIM"。上海市地下空间设计研究总院有限公司作为 BIM 咨询单位，主要工作为：制定实施方案，模型的交付标准、实施标准；开发参数化构建库、出图模板；搭建协同管理平台；进行过程管理与成果审核。

2. 上海——BIM 贯穿项目设计、施工阶段全过程

　　上海地铁 9 号线三期（东延伸）工程线路全长 13.83 公里，共设 9 座地下车站，其中换乘站 3 座，分别与 12、14、19 号线换乘，设金桥停车场一座，由申江路站引入，与 12、14 号线共址。

　　为了更好地开展 9 号线三期（东延伸）工程的项目建设管理，达到项目设定的安全、质量、高效等各项管理目标，上海市地下空间设计研究总院有限公司协助业主在项目设计、施工阶段全过程应用 BIM 技术，如场地仿真、管线搬迁模拟、交通疏解模拟、管线综合设计、工程量辅助统计、效果图渲染、场景漫游、施工仿真等。同时，还计划将来竣工时移交给运维单

位一个包含设计、施工必要信息的模型，以期提高运维质量。

3. 长沙——BIM 提升施工质量与效率

长沙地铁 3 号线松雅湖南站位于星沙开元路与东四线交汇处，是长度 210m 的标准化车站。自 2014 年 5 月开工建设，松雅湖南站于 2015 年 6 月完成主体结构施工。

尽管 BIM 的优势在短时间内难以完全发挥，但这项新技术所带来的趋势以及大数据价值正在被业内所认同。BIM 技术集合了 BIM 软件、技术以及应用，随着信息化的发展，其应用开发前景也必将是结合现代工程需求而发展的。未来 BIM 技术将呈现以下趋势：

和移动端的结合：

BIM 技术应用必将朝着易用的方向发展。在以网络沟通为主导的社会交往形式下，以更加便捷的网络沟通方式，为用户提供更加丰富的服务。

和大数据、云计算的结合：

BIM 的信息化核心特征决定了 BIM 的数据必将朝着数据共享、协同应用的方向发展，改变现有的工程设计、管理模式。项目管理有关的文件数据，以及通过支持协作工作流程建设现场为主的 BIM 协同解决方案，为在云服务的基础上以数据为中心的各种 BIM 协调提供了可能，同时对于参与施工现场项目的团队来说，方便了他们之间的沟通合作。在任何时候，项目的参与者都可以直接地共享精确到具体部位的工程信息。

和数字化捕捉技术的结合：

BIM 技术应用不光可以应用于新建工程，在国内还有大量既有建筑需要进行数字化、信息化处理。数字化建造通过 BIM 技术的适当介入，在可控制的范围内使传统施工方法通过参数化辅助建造的模式获得新生。项目部利用 3D 模型检测碰撞，为施工提供最优化管线综合设计；4D 进度模拟，模拟施工进度，指导项目计划管理的顺利实现；BIM 结合预制加工，有效地避免了场地狭窄等局限性，完成了风管传统加工模式到工厂预制化模式的转型；虚拟仿真，将施工方案进行预演，方案实施过程一目了然。全数字化运维管理系统是未来智能型城市的雏形，数字化建造也将成为未来工程发展的方向。

和工程管理的结合：

BIM 不仅仅是一种技术应用，而且对现有工程管理模式也具有重要推动和改良的作用，通过融合现有的管理模式，可以使现有的信息化管理平台上升到另一种高度。

随着轨道交通的高速发展，BIM 技术也以各种形式运用到越来越多的城市地铁中。虽然国内目前对于运用 BIM 技术的水平参差不齐，有的仅限于模型的搭建阶段，但是我相信，未来 BIM 技术会在建筑行业中有它的一片天地。而且会慢慢趋于成熟。这是一个即将实现的事实。我们相信，BIM 在地铁建设方面的运用前景一片光明。

中篇 ↘ 设计实践

北京地铁

2007 年 10 月北京地铁 5 号线投入运营，这是一条贯穿北京南北走向的地铁线。相比北京早期的地铁 1 号线，2 号线，5 号线的设计具有更多的现代气息。设计中突出站台、站厅等环境装饰材料的模块化、装配化，风格明快、简约，充分体现出现代工业化的设计特点。

2008 年 7 月，8 号线（奥运支线）开通试运营。由于所处区域大多是奥运场馆，因此，将具象的建筑特点和符号提炼出来，结合到地铁站的环境中，使地铁这一重要的场所环境，赋予了更多的文化象征。

在地铁设计中，强调地面区域的历史、文化和特色，将其对应在地铁站点的空间设计上，这样的站，通常称之为重点站。而一般的站点，用常规手法来作设计，则定义为普通站。

地面区域的历史、文化特色的形成，是一个经久积累、沉淀的过程，或是因其功能定位才能显现出特点。譬如地铁 8 号线的奥运延长线，因为鸟巢、水立方等著名比赛场馆的所在，决定了这个区域奥林匹克体育文化的特色。

取地面区域最有特征的建筑、文化符号，直接或抽象化地用在地铁站的装饰界面上，许多城市地铁重点站仍在采用这样的设计手法，用文化符号的植入，来体现文化内涵。

然而，对于普通乘客而言，具有特征的站点，它最直接传递给人们的信息往往就是：xxx 车站到了。

→ **北京地铁 5 号线**
北新桥站方案设计

北新桥方案二

①
②　③

①、② 北新桥方案一
③ 北新桥方案二

→ 北京地铁 5 号线
张自忠站方案设计

① │ ③　　①、② 张自忠站方案一
② │ ④　　③、④ 张自忠站方案二

→ # 北京地铁 8 号线
奥林匹克公园站方案设计

```
① │ ③
②─┼─④
② │ ④
```

① 奥林匹克公园站／站厅
②～④ 奥林匹克公园站／通道

①		③	
②		④	⑤

①~⑤　奥林匹克
公园站／站厅

①　③
②　④

①～④　奥林匹克公园
站／站台

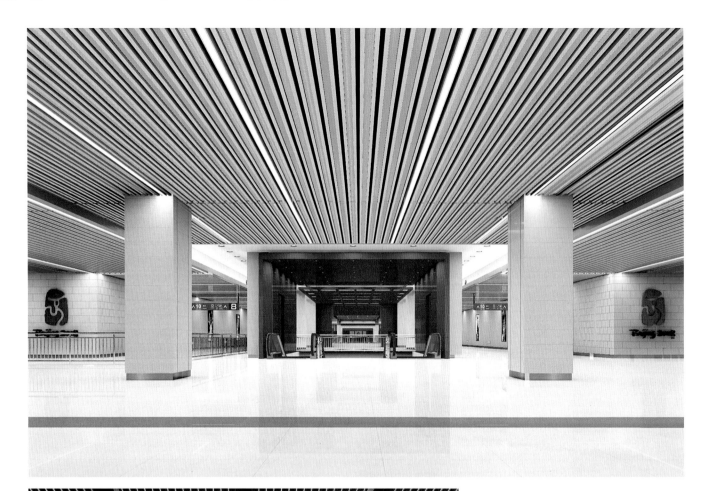

①　②
③　④

①~④　奥林匹克公园站／熊猫
环岛站站厅

①	③
②	④

①、② 奥林匹克公园站／熊猫
环岛站站厅
③、④ 奥林匹克公园站／熊猫
环岛站站台

→ 北京地铁 8 号线
回龙观站方案设计

①	②
	③

① 回龙观站／轻轨站内部
② 回龙观站／轻轨站外观
③ 回龙观站／轻轨站大堂

→ **北京地铁**
立水桥站方案设计

深圳交通枢纽

深圳北站交通枢纽是一个大型的集国铁、轨道交通、长途汽车站、出租车场站及各种常规公交于一体的综合客运交通枢纽。作为重要的交通建筑，以国际接轨为设计指导思想，以安全、实用、经济、美观为原则。以充分体现城市交通快捷、秩序、通畅、易识别为特点。以简洁、明快、朴实为建筑语言。充分表达出现代交通建筑的时代。

① B1-a 配套建筑办公区
② B1-a 配套建筑监控中心
③、④ 东广场一层换乘厅

①		③
②	④	⑤

①～⑤　东广场一层换乘厅

①	③
②	④

① 人防出入口风亭
② 东广场公交落客区
③ 西广场出租落客区
④ 西广场出租上客区

① 西广场出租上客区天井　②、③ 西广场换乘厅内部
④ 长途客运站厅候车空间　⑤ 长途客运站售票厅
⑥ 西广场停车库

重庆地铁

→ **重庆轨道交通 6 号线**
北培站方案设计

① 北培站 / 站厅　春
② 北培站 / 站厅　夏
③ 北培站 / 站厅　秋
④ 北培站 / 站厅　冬

①	②
③	④

→ **重庆轨道交通**
6 号线朝阳门站方案设计

①	③
②	④

① 朝阳门站／通道
② 朝阳门站／站台
③、④ 朝阳门站／站厅

→ 重庆轨道交通 6 号线（支线）
会展中心站方案设计

①～④ 会展中心
站 / 站厅

→ # 重庆轨道交通 1 号线
鹅岭站方案设计

→ **重庆轨道交通 1 号线**
七星岗站方案设计

①	③
②	④

①、② 七星岗站 / 站厅
③ 七星岗站 / 站台
④ 七星岗站 / 通道

→ **重庆轨道交通1号线**
石桥铺站方案设计

① 七星岗站 / 通道
② 七星岗站 / 站台
③ 石桥铺站 / 站厅
④ 石桥铺站 / 站台
⑤ 石桥铺站 / 通道

→ **重庆轨道交通重点站方案设计**
环线
奥体中心站方案设计

概念来源

　　奥体中心站位于重庆市奥林匹克体育中心、是重庆市从 20 世纪 50 年代起就开始规划的大型城市基础设施项自。其建设场地位于高新区石桥乡的龙井湾、桂花湾、兴隆湾、袁家岗和天灯堡五个经济合作社所辖土地，规划定点红线投影面积为 1350 亩，约 90hm^2。基地东起长江路、西抵陶家岩，北至重医附一院及渝洲宾馆南墙外，南至袁茄路及谢陈路，东西长 l.7km，南北宽 1.3km，地势宽阔，环境优美。奥体中心也是中超球队重庆力帆俱乐部的主场。

　　该方案以五环为设计理念、进行概念设计。黑白环形造型在同一空间下的有序排列、组合，使空间更富有活力，同时整洁大方、稳重。

主要用材：

　　地面：深灰麻与白麻石材；墙面：白色金属铝单板，规格与标准站一致；顶棚：白色金属铝单板及条形铝方通、深色拉丝网；灯具：环形 LED 发光灯片，筒灯、白质灯管等。

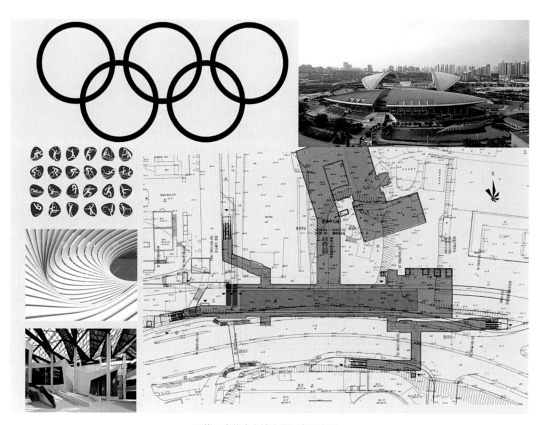

环线—奥体中心站方案概念设计图

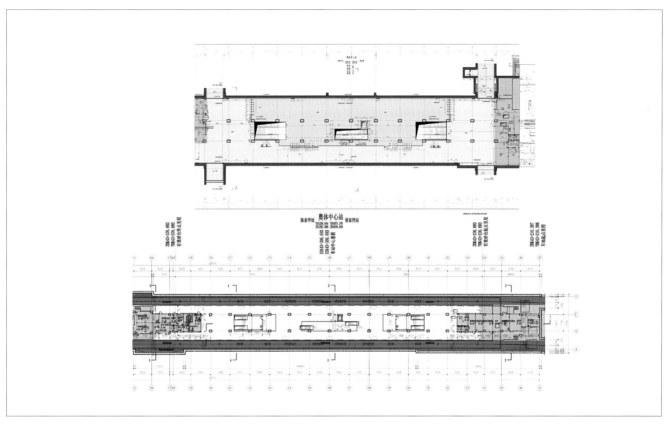

环线—奥体中心站平面图

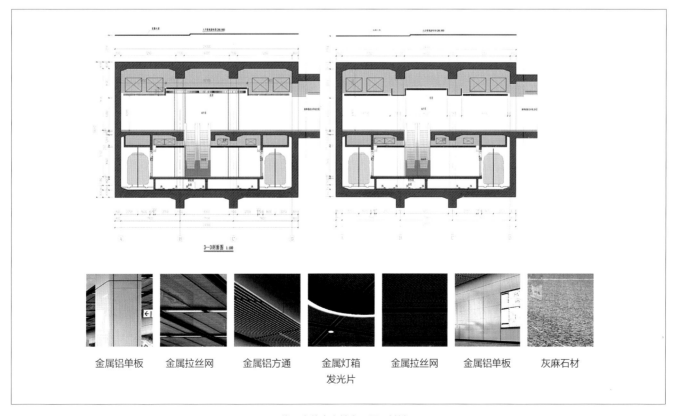

| 金属铝单板 | 金属拉丝网 | 金属铝方通 | 金属灯箱发光片 | 金属拉丝网 | 金属铝单板 | 灰麻石材 |

环线—奥体中心站立面图及材料

①、② 奥体中心站
方案一
③、④ 奥体中心站
方案二

→ **环线**
弹子石站方案设计

本站位于商业区，站厅层内有大量的商铺，付费区处于中心位置，四周为非付费区，由于空间较大商业氛围强烈，付费区位中心运用醒目的设计符号以增强向心力。四周的非付费区相对狭窄，把顶棚或地面拼接图案延伸至付费区来加强视觉宽度。

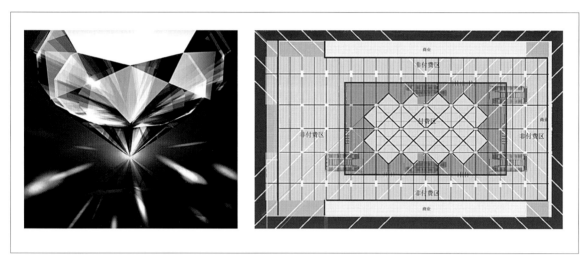

弹子石站功能示意图

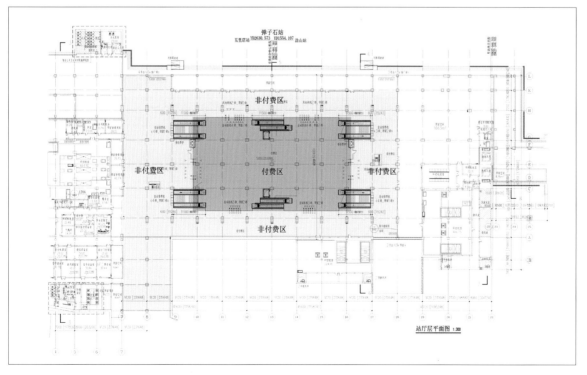

弹子石站厅平面图

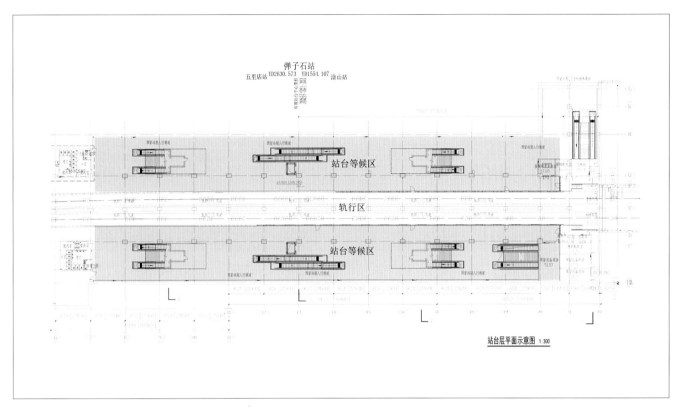

弹子石站台平面图

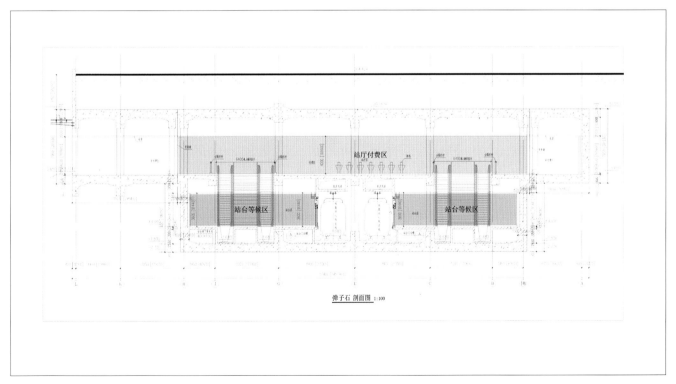

弹子石站剖面图

烤漆铝方通

冲孔烤漆铝板

搪瓷钢板

国产灰麻

烤漆铝方通

冲孔烤漆铝板

搪瓷钢板

国产灰麻

①~③　弹子石站 / 站厅方案一
④　弹子石站 / 站台方案二

①	③
②	④

烤漆铝方通

烤漆铝板

搪瓷钢板

烤漆铝方通

烤漆铝板

搪瓷钢板

搪瓷钢板墙面

→ 环线
沙坪坝站方案设计

沙坪坝站说明

　　暗挖单拱岛式车站，最大限度地追寻原建筑空间形态以提升标高。选用飘逸流畅的弧形孔板贯穿整体使空间开阔舒展，现代超然。纵向的形体有序排列加强了进深，横向的圆弧断面进一步加强了空间的结构感。弧形冲孔烤漆铝板采用单元模块化安装方式。

沙坪坝站设计示意图

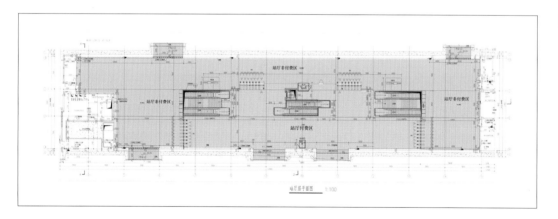

沙坪坝站厅平面图

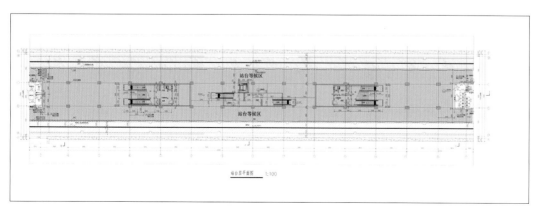

沙坪坝站台平面图

→ **环线**
重庆西站方案设计

概念来源

重庆西站建筑整体造型将体现"英雄之城"概念，远远望去，流动曲线形态的站房，表达的是两江汇聚的形象，而以岩石和江水刚柔相济的建造外观，则体现重庆"两江汇聚潮头涌"的气势，展现重庆"红岩浪漫英雄城"的革命气概和光荣历史。

该空间部位与国铁相衔接，同时有三条地铁线纵横相交，这里设计以快速疏散为目的，满足合理的使用功能为原则。

设计时主要考虑到两横一纵三条地铁线路，同时枢纽还包含很多别的换乘交通工具。该空间为综合换乘空间，我们的设计重点主要是以快速、便捷、疏散为主，装修尽可能简洁大方，尽量减少人流驻足、停留、所以重点放在导向标识上，真正起到快速疏散的效果。

主要用材

地面：深灰麻与白麻石材

墙面：白色金属铝单板，规格与标准站一致

顶棚：白色金属铝单板及条形铝方通

灯具：LED 发光灯片，筒灯

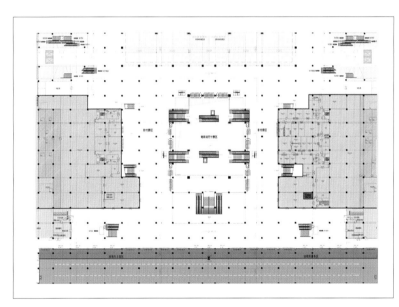

重庆西站设计方案平面

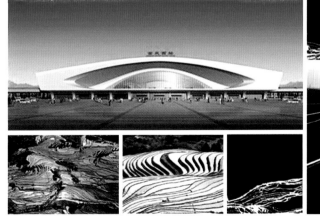

设计概念图

发光灯片

条形铝方通

灰麻石材

金属铝单板

金属铝单板

条形铝方通

灰麻石材

金属铝单板

①　③
②　④

①、②　重庆西站方案一
③、④　重庆西站方案二

→ **10 号线**
T2 航站楼站

概念来源

十号线的 T2 航站楼站位于重庆江北国际机场，重庆建成长江上游地区综合交通枢纽的基础性、功能性、战略性重大项目，对于重庆进一步打造内陆开放高地、建设国际大通道具有重要意义。也是为了更好地配合机场快速疏散的重要交通设施之一。

该方案以机舱为设计理念，在同一弧形空间下进行线、面、结合，有序排列、组合，使空间更富科技感、前瞻性、同时整洁大方、稳重。

主要用材

地面：深灰麻与白麻石材

墙面：白色金属铝单板，规格与标准站一致

顶棚：白色金属铝单板及圆形铝方通、不同规格的白色金属板

灯具：环形 LBD 发光灯片，筒灯、白质灯管等

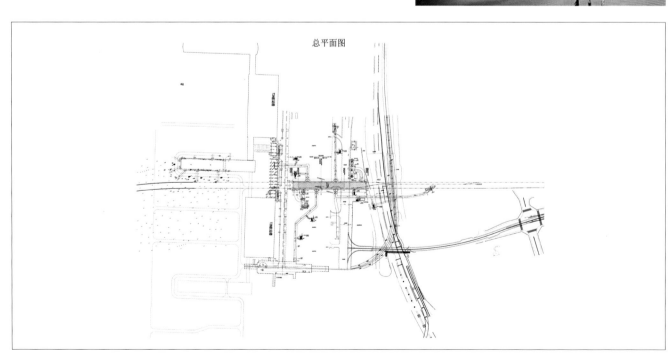

T2 航站楼站平面图

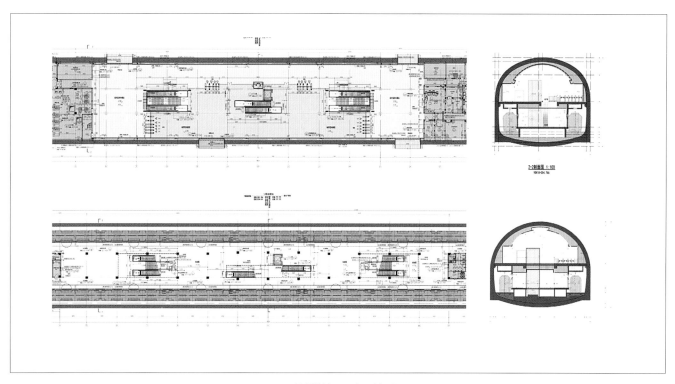

T2 航站楼站平、立、剖面图

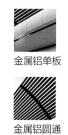

金属铝单板

金属铝圆通

灰麻石材

金属铝单板

T2 航站楼站方案一

 金属铝单板

 金属铝圆通

 灰麻石材

 金属铝单板

① T2 航站楼站方案一
②、③ T2 航站楼站方案二

金属铝单板

金属铝单板

灰麻石材

金属铝单板

金属铝单板

金属铝单板

灰麻石材

金属铝单板

→ **10 号线**
T3 航站楼站方案设计

本站有三个主功能区，集散大厅、中心通道（即地铁非付费区）、地铁付费区。鉴于空间松散且面积大需要中心区具有向心力以突显区域功能的特点及可识别性，以具有张力而个性的现代造型来强调不同区域的导向性。以主通道为中心把两侧功能区有机联系在一起，以线和面贯穿整体空间，使原本纵横交错的交通空间拥有相同元素的连续性。

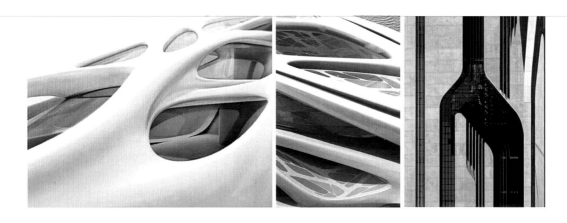

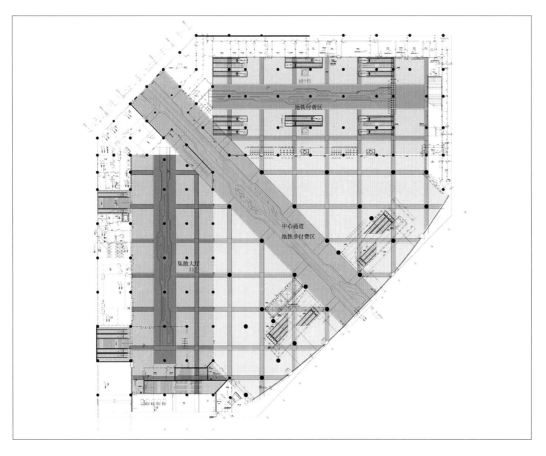

T3 航站楼站站厅平面图

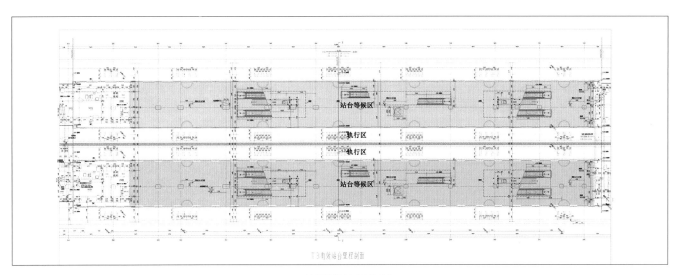

T3 航站楼站站台平面图

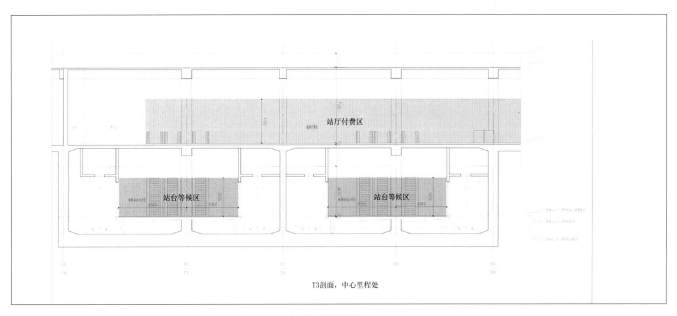

T3 航站楼站剖面图 /01

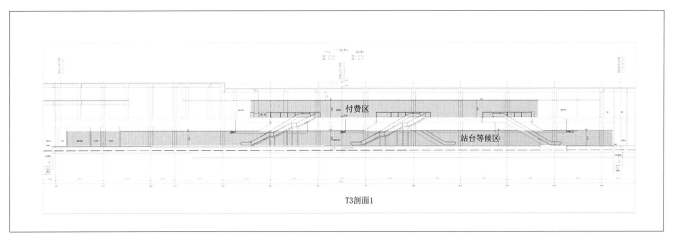

T3 航站楼站剖面图 /02

冲孔铝板

烤漆铝板

搪瓷钢板

冲孔铝板

烤漆铝板

搪瓷钢板墙面

搪瓷钢板

①、② T3 航站楼站厅方案一
③、④ T3 航站楼站厅方案二
⑤ T3 航站楼站台方案一

烤漆铝板

冲孔铝板

搪瓷钢板

烤漆铝板

冲孔铝板

搪瓷钢板

烤漆铝板

冲孔铝板

搪瓷钢板

→ **10 号线**
北站（南广场）站方案设计

　　站厅较大是其特点，在大面积的空间里需要吊顶局部提升来加强空间层次和导向性。最大限度地提升空间高度，在不影响综合管线的情况下，把付费区中心区域的吊顶以大曲面的形式加以提高，线条流畅节奏鲜明，突出高效快捷的流线型交通空间。选用线形材料与实板结合，虚实对比，柔美、飘逸加强了律动感。

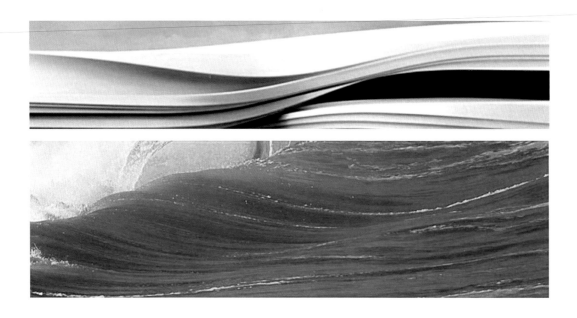

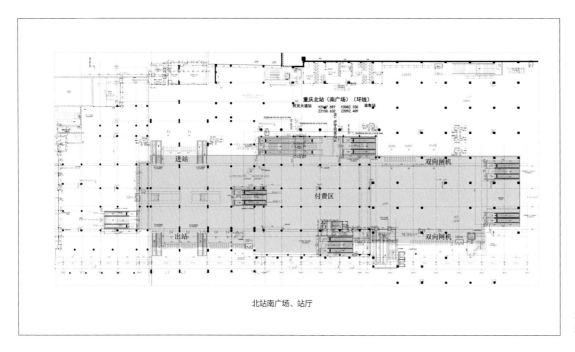

北站南广场、站厅

北站（南广场）站站厅
平面图

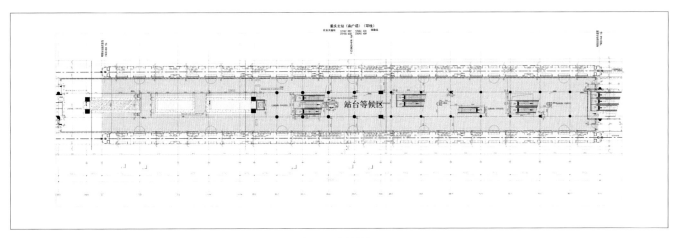

北站（南广场）站站台平面图

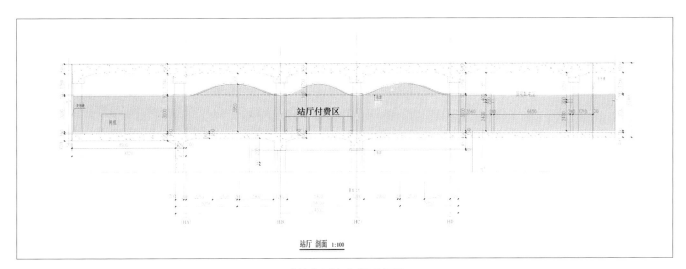

北站（南广场）站厅剖面图

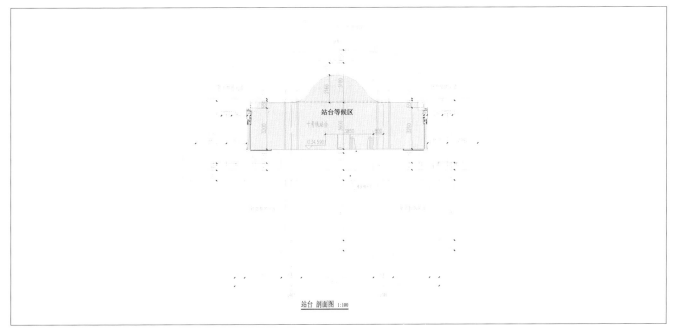

北站（南广场）站台剖面图

烤漆铝方通

烤漆铝板

搪瓷钢板

搪瓷钢板

烤漆铝方通

烤漆铝板

搪瓷钢板

搪瓷钢板墙面

①　③
②　④
　　⑤

①、② 北站（南广场）站厅
/ 方案一
　　③ 北站（南广场）站厅
/ 方案二
　　④ 北站（南广场）站台
/ 方案一
　　⑤ 北站（南广场）站台
/ 方案二

冲孔铝板

烤漆铝板

烤漆铝方通

搪瓷钢板

冲孔铝板

烤漆铝板

搪瓷钢板

冲孔铝板

烤漆铝板

搪瓷钢板

→ # 5 号线
红岩村站方案设计

概念来源

红岩村：反映了以周恩来为首的中共中央南方局老一辈无产阶级革命家，在抗日战争时期和解放战争时期在南部中国地区所进行的伟大革命斗争。

本方案以现代简洁的设计手法，让空间更为平实，通过浮雕墙面的艺术处理，使空间更为整洁大气同时附有历史时代意义。

本方案的建筑特点站厅站台为同层，通过下穿通道相连，由于地处红岩村革命历史博物馆，柱体以红色与白色铝单板为主，局部非付费区域与付费区域之间的顶棚对比，使空间更为整体。

主要用材

地面：深灰麻与白麻石材

墙面：白色金属铝单板，规格与标准站一致

顶棚：白色金属铝单板

灯具：LED 发光灯片、筒灯

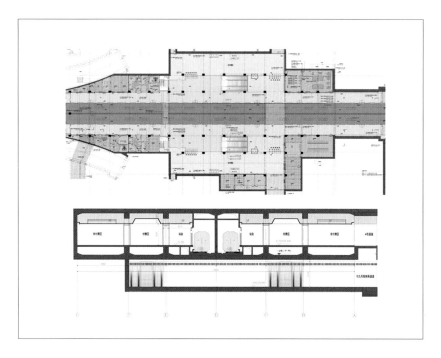

| 金属铝单板 | 深色铝单板 | 金属铝单板 | 金属假梁 | 金属拉丝网 | 金属铝单板 | 灰麻石材 |

① ② 红岩村站 / 方案一
③ 红岩村站 / 方案二

→ 5 号线
幸福广场站方案设计

概念来源

幸福广场站位于两江幸福广场，重庆北部新区财富中心。重庆两江幸福广场北靠主城最大的 4300 亩照母山森林公园，周边"七星环绕"广场最具看点的内容即喷泉、激光、水幕三位一体的"水舞秀"。数千个喷头可轻松组合上千种水形，完美演绎上万首歌曲。鼓点开场，彩泉飞舞，四色篇章。喷泉吐纳，"浪花"飞旋，柔美"长江"绵延流淌（《长江之歌》）；硬朗"黄河"气势磅礴（《黄河》钢琴协奏曲）；孕育中华民族的"两江"在耳熟能详的曲调中勾勒"红梅"盛开（《红梅赞》）、"红旗"飘扬（《红旗飘飘》）；水型与水幕完美组合，水花伴着韵律《踏歌起舞》……

设计时主要根据该站特点，做大弧形穹顶结构合理设计，重点放在顶棚造型上，突出该站地标——幸福广场。

以广场水景灯光效果进行概念设计。不同线面造型在同一空间下的有序设计，使空间更有张力，同时整洁大方、稳重。

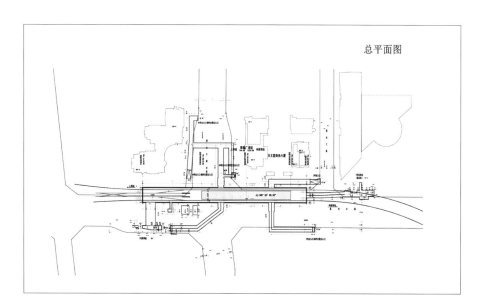

总平面图

主要用材

地面：深灰麻与白麻石材

墙面：白色金属铝单板，规格与标准站一致

顶棚：白色金属铝单板及圆形铝方通

灯具：LED 发光灯片、筒灯

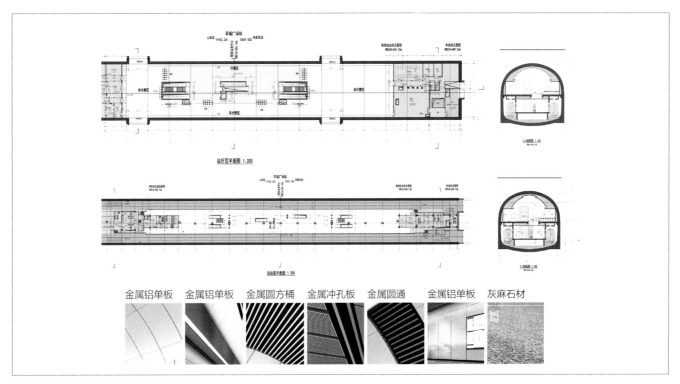

金属铝单板　金属铝单板　金属圆方桶　金属冲孔板　金属圆通　金属铝单板　灰麻石材

幸福广场站平面图及材料

幸福广场站方案一

→ **重庆市环线地铁**
标准站方案设计

① ③
② ④ ⑤

① 标准站方案一
② 标准站方案二
③ 标准站方案三
④ 标准站方案四
⑤ 标准站方案五

→ **特色站**
凤鸣山站方案设计

→ 特色站
龙华大道站方案设计

① ③
② ④

①、② 特色站凤鸣山站
③、④ 特色站龙华大道站

特色站
老房子站方案设计

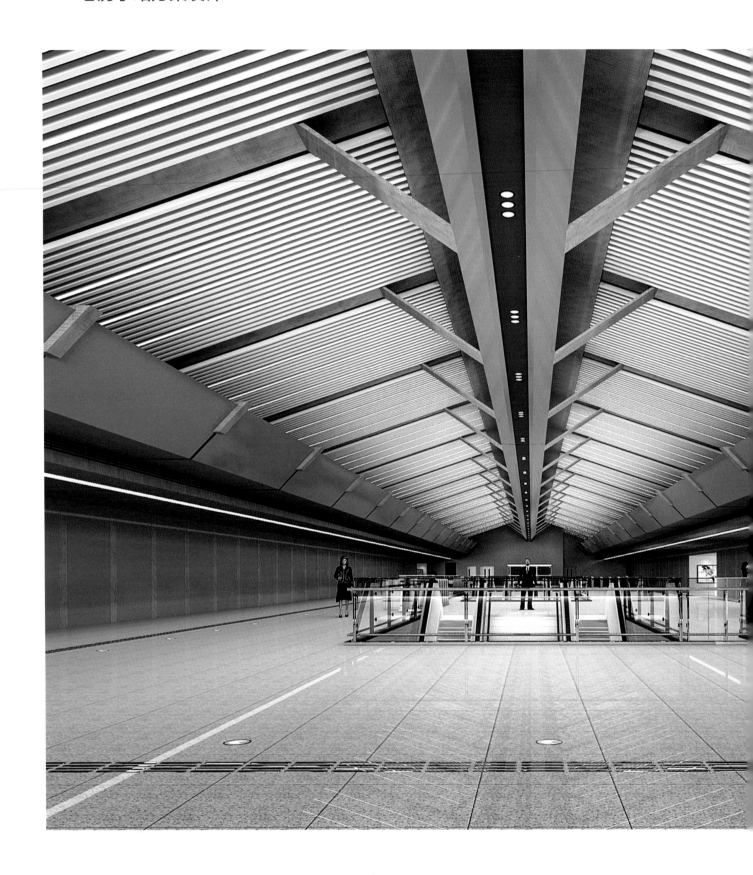

①～③　特色站老房子站

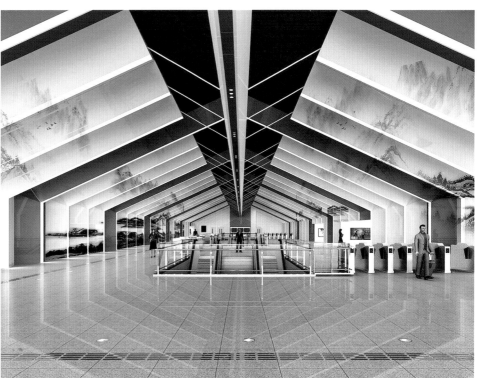

→ **特色站**
冉家坝站方案设计

①、② 特色站冉家坝站
③、④ 特色站上浩站

→ **特色站**
上浩站方案设计

→ **特色站**
五里店站方案设计

→ **特色站**
玉带山站方案设计

①	
②	③

①、② 特色站五里店站
③ 特色站玉带山站

→ **特色站**
重庆北站方案设计

① ┬ ②
  │
  └ ③

① 特色站 / 重庆北站
②、③ 站台 / 单排柱站站台

→ 站台
单排柱站方案设计

→ 站台
双排柱站方案设计

① ②

①、② 双排柱站站台

→ 重庆轨道交通出入口
方案设计

　　人们每天通过地铁入口进入复杂的地下城市交通网络，又通过它到达工作和居住的地面城市部分。地铁出入口作为一个城市的空间的地标，形式和色彩以及材料的运用上都应该成为城市中的一个亮点。

　　地铁出入口是一个标志着人们出行开始和结束的地方。因此要具有一定的区位特点，要让人们都能清楚的意识到它的存在，醒目地提醒着人们从何处来到何处去。

　　地铁是当今城市绿色公共空间重要的一部分。地铁出入口除了体现现代感之外，还要呈现出绿色、生态、环保等相适应的理念。

①		④
②		
③		⑤

① 重庆轨道交通入口 / 方案五
② 重庆轨道交通入口 / 方案六
③ 重庆轨道交通入口 / 方案七
④ 重庆轨道交通入口 / 方案八
⑤ 重庆轨道交通入口 / 方案九

① ③
② ④

① 重庆轨道交通入口 / 方案十
② 重庆轨道交通入口 / 方案十一
③ 重庆轨道交通入口 / 方案十二
④ 重庆轨道交通入口 / 方案十三

厦门地铁

厦门地铁 2 号线

沿线串联起厦门最富人文气息和生活情调的几大区域。它一路穿山越海，将这个海港城市的特色体现得淋漓尽致。

体育中心站将海天之蓝的色调融入环境中。旋涡状的柱饰，尽显曲线的典雅，同时富有节奏和动感。

五缘湾是厦门岛上唯一集海景、海湾、湿地、温泉等资源于一身的风水宝地。海湾的自然美景是设计灵感的源泉。站厅层波澜起伏的吊顶贯穿整个顶棚，站台层吊顶两侧是不规则的云状装饰，似云层散开，避免了空间的压抑感。

蔡塘站在站台站厅的空间表达中，由点演化出线，由线构织成面，由面衔接为体。虽然是设计元素中最基础的符号，经独具匠心的设计，营造出一个悠然自得、云海漫行般的环境。

→ 厦门地铁 2 号线
蔡塘站方案设计

① 　蔡塘站 / 站台
②~④ 　蔡塘站 / 站厅

→ # 厦门地铁 2 号线
体育中心站方案设计

①	③
②	④
	⑤

①~⑤　体育中心站 / 站厅

→ **厦门地铁 2 号线**
五缘湾站方案设计

① 　　②
　│
　　　③

① 　五缘湾站 / 站台
②、③ 　五缘湾站 / 站厅

合肥地铁

地铁是一个城市的标志，地铁链接民生，是大众出行最快捷、最方便的交通工具。除去运载功能，地铁的环境空间还承载着传递信息，展现城市文化的作用。

合肥市轨道交通1号线，结合线路特色、力求务实。营造出明快、时尚、简洁、大方的效果。重点站在空间中融入徽派的文化特景，展现合肥历史文化。大湖名城创新高地等元素在环境中起到画龙点睛的作用。标准站采用国内通用的标准材料、标准型号，对车站顶棚、墙、柱面、地面进行标配文化装饰，最大限度达到经济适用的目的。

→ **合肥地铁1号线**
标准站方案设计

①～④　标准站 / 站台

①	③
②	④

①	③
②	④

①～④　标准站 / 站厅

→ **合肥地铁 1 号线**
包河公园站方案设计

①　③
②　④
　　⑤

①、②　包河公园站／站台
③～⑤　包河公园站／站厅

→ **合肥地铁 1 号线**
会展中心站方案设计

① 大东门站 / 站厅
② 大东门站 / 站台
③ 会展中心站 / 站台

→ 换乘站合肥南站

①	③
②	④

① 服务台
② 地下停车场
③ 南广场
④ 商业

①		④
②	③	⑤

① 北换乘厅
②、③ 合肥南站站厅
④ 换乘厅
⑤ 公交换乘厅

①	④
② ③	⑤

① 出租车换乘厅
②、③ 落客区—出租车
④、⑤ 落客区—社会车辆

→ 合肥地铁 4 号线室内设计方案
项目概述

合肥市地铁 4 号线是一条自西向东的"L 形"的市区骨干线，西端起于鸡鸣山路站，北至东方大道站。全线覆盖合肥市东西向主要客流走廊，联系了高新区、政务区、合肥南站片区、包河区、新站区等重要客流集散点，通车后可带动高新区、新站区等中心城外围组团的发展。

4 号线地铁为了满足城市扩张的需要，缓解城市地面交通量日益增大的压力，解决西部和北部地区的交通连接。未来的地铁愿景是根据城市的空间布局，实现"中心城—新城—社区"的全城市域结构，除了发挥地铁交通的功能性以外，文化性等方面也是发展的重点，更主要的是地铁与城市发展的关系；从相对被动地满足城市发展的需要提升为引导城市区域发展，与城市文化的关系从单一的体现，提升为将各地区文化脉络相连，发展出地铁文化引导城市文化的新趋势。

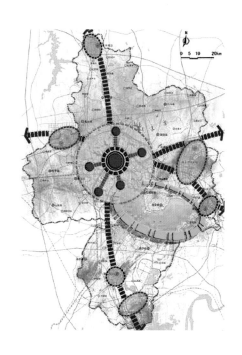

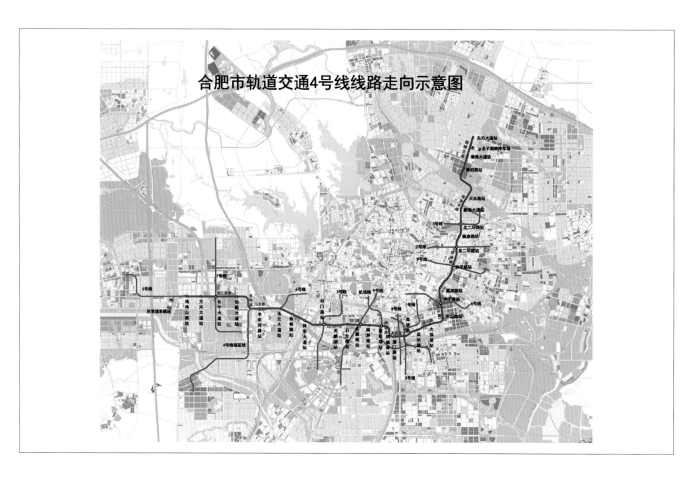

合肥市轨道交通4号线线路走向示意图

1. 主题定位

合肥作为安徽的省会，历史悠久，古有泸州之称，以留有徽派建筑而闻名。随着时代的变迁，徽州文化也逐渐演变出了新的时代特征。为突现地域特点，合肥地铁4号线室内设计的主题定位是新徽派文化风格。

4号线总目标（新徽派）	现代	目的
安全与通达策略	合肥新交通	交通宜行
便携与休闲策略	合肥新旅游	旅游宜景
人文与艺术策略	合肥新文化	艺术宜文
产业与发展策略	合肥新环境	环境宜人

4号线地铁站的设计思路：整条线路为一种风格，再根据各个特色站有局部变化，但是整体风格不变，主题风格为——新徽派、新合肥，主要是微派文化的传承和创新，延续徽派精神，用新手法去表现传统文化，取其精华、去其糟粕，此主题风格正好与合肥的城市精神（开明开放、求是创新）相吻合。

我们不拘泥于原徽派鼎盛时期的形式，而是用新时代的创新手段去延续。在视觉上从材质和色彩上给人感觉是现代的，同时又有微派的文化感；以文化符号提炼的方式感受远古与现代，将历史文化精神体现在室内设计中，与地铁环境相融合，使之成为有机的整体。

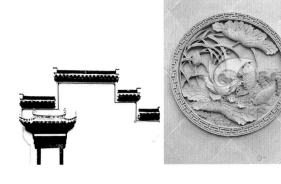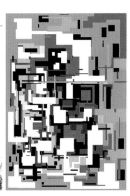

2. 设计手法

1）**意象**　意象往往是客观物象经过创作者独特的情感活动而创造出来的一种艺术形象，根据"说文解字"意象是意思的形象。徽派的意象来源于中国山水画，景如画中。徽派建筑与中国山水画所传递出的情景交融的意境，有着异曲同工之妙，这既得益于古徽州依山傍水的独特地理风貌，也是徽派建筑在中国山水画的意蕴中吸取的山水精神的呈现。山水画不仅提供了徽派建筑在形式上的理想参考，更加灌注了徽派建筑在精神上的气韵生动。现实层面上，徽派建筑又是山水画的实质形态，山水画情结就直接表征在建筑上。徽派建筑在形神兼备中所蕴涵着的诗情画意，成就了建筑形态中独特的"徽韵"。

2）**形态**　即"形"的"样貌"，"形"之"态"。微派的形态表现主要是：马头墙、小青瓦、粉壁。本案以简化马头墙原有造型，改变小青瓦的功能性，强化装饰性。粉壁元素部分运用，取其造型元素的精髓部分，也就是用其"魂"。

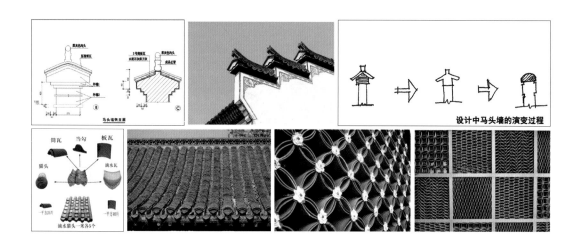

3）**材质**　材质可以看成是材料和质感的结合，即材料的质地。徽派建筑的材料主要是砖、木、石等。在新徽派设计中我们可以改变材料的砌筑方式，使之产生新的平面和立体的材质美感。石材的铺贴方式也可以多样化，以满足现代人的审美。

4）**色彩**　徽派建筑的色彩以灰白为主，辅以黑、深灰、深蓝，以熟褐、赭石点缀；色调宁静而幽远，简洁而不简单；色彩耐人寻味并能很好地与环境融为一体，人文景观与自然景观互为补充、相得益彰，色彩的对比与调和十分完美。徽派建筑色彩与现代流行趋势风格色彩相吻合，在地铁室内空间也比较适宜使用黑白灰系列色系。

5）灯光　徽派建筑除了室内有效利用人工照明外，还利用天井取自然光。在地铁室内设计上可以在地铁入口处和站厅与站台的楼梯空间运用天井采光。

空间关系分类：

1. 构成关系

古徽派建筑的构成是由厅堂为主，由天井、两侧厢房等组合成北方四合院的结构，由于南方潮湿，大都做两层，其他构件有防护墙、砖雕木雕等。建筑间自然形成巷弄，有步移景异的效果。地铁的空间构成以站台、站厅为主，由出入口、安检机、自动售票机、售票厅、站厅站台转换空间等构成一个系统。

2. 次序关系

古徽派建筑的次序关系是由厅堂为主，由天井、两侧厢房等为次，所有一切重大的家事都要在厅堂进行。地铁的主次关系是站台、站厅为主，站厅用于购票并作为转换空间，站台用于乘坐和列车停靠。

3. 连通关系

古徽派建筑的连通关系是由通道把厅堂、天井、厢房等自然连接，没有刻意造作的痕迹。建筑内的连通用廊来做。建筑之间自然形成弄巷窄而高的空间。

地铁的连通空间主要是站厅，但是主要用于人员流通，不宜有过多的人为造景，避免人员停留而堵塞交通。但是，在不同站的换乘空间可以借用徽派"廊"的做法。

东二环站　站厅空间

　　此站厅空间利用徽派原有代表性元素，进行新的演绎。比如马头墙形状的简化、窗花的简化。徽派建筑中的梁柱，保留原有的形式感，同样简化处理，在顶棚上加入了反射照明，使原有的呆板空间变得灵活多变。

东二环站　站台空间

　　站台延续站厅的造型和空间元素，不同点在于柱身用瓦片做错叠累加，既有了分割柱身的作用，又使得徽派元素得以全新演绎。

金寨路站　站厅空间

　　此站主要运用现代的手法去体现徽派的意境。顶面的造型由 V 字形改为了 U 字形，马头墙的瓦当已经简化为柱子上的线了，柱子和护栏的立面采用写意泼墨，自然天成的图形与徽派的意境相吻合。往站台去的楼梯处做成天井的形式，中间红灯笼造型的灯具，采用有中国传统的味道。墙面的格子间距不等，变化中见协调。

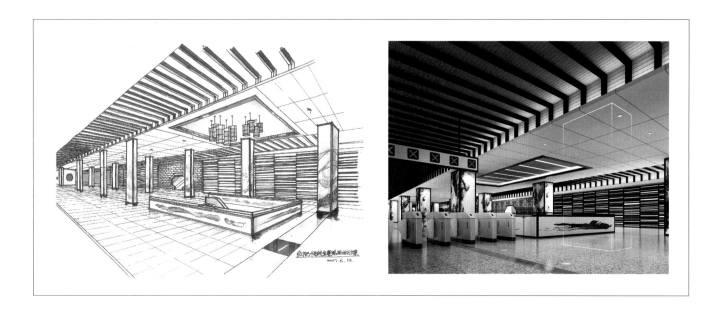

金寨路站　站台空间

　　站台整体上延续站厅的风格和元素，在顶面处理上做了一个有弧度的 U 字形，设备间墙面采用青砖，做局部凹槽处理，既有了变化，又有了形式美感。

长宁大道站　站厅空间和站台空间

　　长宁大道站是换乘站，此视角是两个站的换乘处，在 L 形转角处利用徽派民居影壁的形象，做了减法处理，墙面由两部分组成，一部分是模仿粉墙，一部分利用瓦当做各种组合。形成主题墙面。收费区呈圆形加木梁，引伸自徽派的亭台楼榭，柱体部分用云纹装饰，圆柱用青铜乳钉纹。护栏有马头墙和窗花的元素。楼梯顶面是变化了的花格。

　　站台空间基本延续站厅的风格，体现徽派文化的精神。

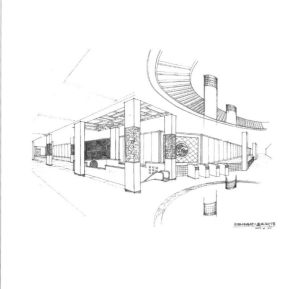

站厅空间

站台空间

长春轨道交通

→ **长春地铁 2 号线**
春城大街站方案设计

①	③
②	④

① 春城大街站 / 站台
② 春城大街站 / 站厅
③ 和平大街站 / 站台
④ 和平大街站 / 站厅

→ **长春地铁 2 号线**
和平大街站方案设计

→ **长春地铁 2 号线**
解放桥站方案设计

→ **长春地铁 2 号线**
长春西站方案设计

① ③
② ④
　 ⑤

① 解放桥站 / 站台
② 解放桥站 / 站厅
③ 长春西路站 / 站台
④、⑤ 长春西路站 / 站厅

$\rightarrow$ **长春地铁 2 号线**
东盛街站方案设计

→ **长春地铁 2 号线**
解放大路站方案设计

① 东盛街站 / 站台
② 东盛街站 / 站厅
③ 解放大路站 / 站台
④ 解放大路站 / 站厅

→ 长春地铁 2 号线
南关站方案设计

长春地铁 2 号线
文化广场站方案设计

① 南关站 / 通道
② 南关站 / 站台
③ 南关站 / 站厅
④ 文化广场站 / 站厅
⑤ 文化广场站 / 站台

→ 长春地铁 2 号线
西兴站方案设计

①	③
②	④

① 西兴站 / 站台
② 西兴站 / 站厅
③、④ 北湖公园站

→ **长春北湖线高架站**
北湖公园站方案设计

→ **长春北湖线**
北环路站方案设计

→ **长春北湖线高架站**
工业大学站方案设计

→ **长春北湖线高架站**
交通学院站方案设计

→ **长春北湖线高架站**
太平村站方案设计

→ 长春火车站南广场
综合交通换乘中心，室内设计方案

换乘中心平面分析

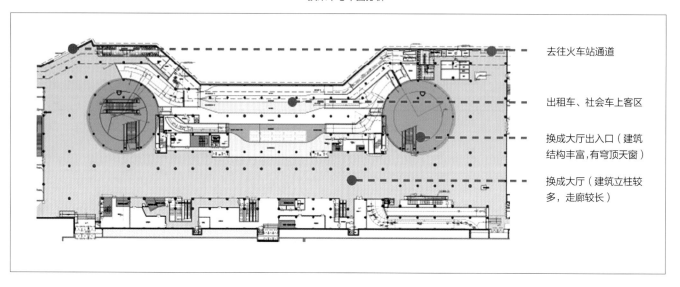

去往火车站通道

出租车、社会车上客区

换成大厅出入口（建筑
结构丰富，有穹顶天窗）

换成大厅（建筑立柱较
多，走廊较长）

室内空间设计分析

　　换乘大厅出入口——火车站建筑为简欧式，室内柱体较多且不规则，层高较矮，若做成欧式，则显得混乱和局促。因此室内设计风格定位为现代简约式，将穹顶下的墙体一周用铝框条间隔，起到将室外与室内不同风格空间分隔的作用。

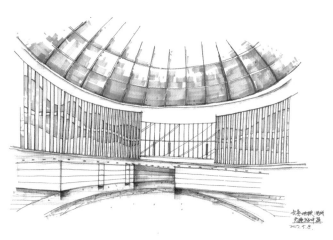

换乘大厅——大厅的地面也借用顶棚的交错线，打破原地面的呆板，用盲道线作为方向指示。

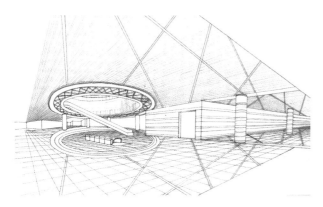

换乘大厅——由于空间体量大，要改变固有的空间特性。顶棚借用机场航站楼的模板，采用常用的铝格栅，用交错的条形灯打破原有的规矩的顶棚。用盛开的花瓣作为两端出入口指向，既有空间的定位功能，又与穹顶的圆形相呼应。穹顶下的顶棚和地面均有装饰图案，和穹顶相呼应，使上下有统一的感觉。

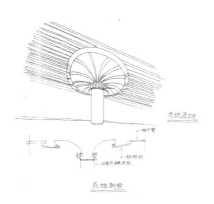

换乘大厅——穹顶下的顶棚为两个圆形相套，中间为小槽型板夹钢网，地面为圆形石材铺贴，与顶面呼应，整体与上面穹顶相关联，使之上下统一。

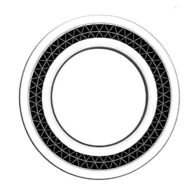

圆形顶棚平面图

　　站厅——整体风格延续换乘大厅的设计思路，将出入口作为大的整体功能分区，使原有散乱的空间通过顶棚归纳在一个整体空间中。

　　站台——站台延续换乘大厅的整体风格和设计元素，穹顶下的金属网格顶棚，铝方通条形格，以及柱面的不等分分段都是大厅风格的延展。

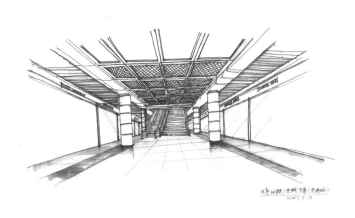

① 换乘大厅出入口
② 站台
③ 换乘大厅

→ 长春地铁 1 号线标准站
庆丰路站方案设计

①、② 标准站庆丰路站 / 站台
③~⑤ 标准站庆丰路站 / 站厅

→ **重点站**
长春站北方案设计

①	③
②	④

① 　重点站长春站北站 / 站台
②~④ 　重点站长春站北站 / 站厅

→ **重点站**
长春站方案设计

→ # 重点站
解放大路站方案设计

①	③
②	④

①、② 重点站火车南广场站长
春站 / 站厅
③ 重点站解放大路站 / 站台
④ 重点站解放大路站 / 站厅

$\rightarrow$ **重点站**
南湖大路站方案设计

→ 重点站
中央商务站方案设计

①	④
②	③

① 南湖大路站 / 站厅
② 南湖大路站 / 站台
③ 中央商务站（南部新城）/ 站厅
④ 中央商务站（南部新城）/ 站台

→ **重点站**
人民广场站方案设计

→　长春火车站综合交通枢纽换乘中心南广场工程

项目概况

　　长春火车站综合交通枢纽南广场商业主通道原为春华商场，疏散通道由三部分组成，商业走廊、中心通道、分流通道。通道装修设计力求简洁大方、易于维护，同时便于商业经营并控制好合理造价。

改造前现状

设计方案

　　主通道与中庭入口处的顶棚采用圆拱结构形式，吊顶穿孔板材料利用点的渐变构成，做成点光源，视觉上产生变化，利用古典的结构形式重新演绎现代的空间。

　　方案中，所有通往商场方向的柱子都做成花柱，除了美观以外，还有引导的作用。在主通道入口圆形顶棚边上也利用花瓣作为装饰和照明。整个空间曲线与直线、冷与暖、磨砂与镜面、柔和和刚毅等对立、对比手法，使得通道与公共区域呈现出视觉的冲击力。

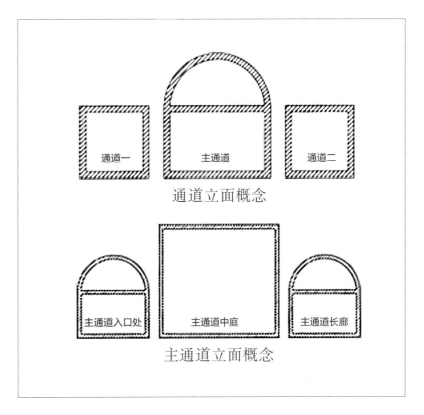

通道立面概念

主通道立面概念

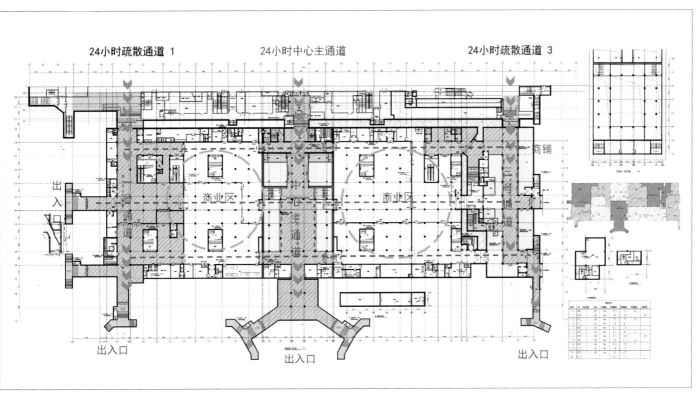

长春火车站综合交通枢纽换乘中心南广场工程平面图

　　该效果为 1 号通道，设计手法现代简约时尚。以云朵和花叶为形象，花树不仅有休憩的功能同时也有方位确定的作用。

主要用材

地面：中东灰石材

墙面：白色金属铝单板、镜面不锈钢、喷白不锈钢

顶棚：防水石膏板

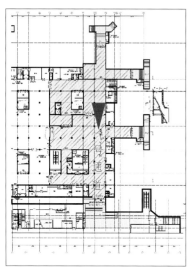 

　　该部位为中心主通道，设计手法是以哥特式教堂的顶为原型，化繁为简，利用光影效果体现现代新时代的快捷。

主要用材

地面：白色微晶石、中东灰石材

墙面：白色金瓷质板、石膏板镜面玻璃

顶棚：防水石膏板

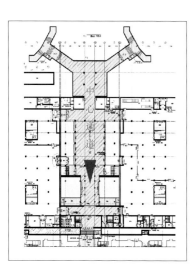 

该部位为中心主通道中庭，设计为线和面的空间体现，用曲线打破单调的场景关系，地面和柱面的渐变马赛克，使得空间富于变化。

主要用材

地面：中东灰、木纹灰石材，爵士白石材

墙面：马赛克、木饰面、防水石膏板

顶棚：金属穹架、炭黑色造型灯架

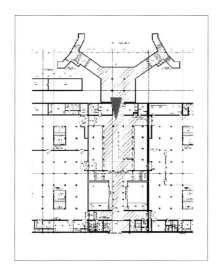 

该部位为中心主通道入口，设计意象是古典建筑的圆拱，外围用花瓣形，与通道一花树相呼应，马赛克柱子也与中庭一样。

主要用材

地面：中东灰、木纹、深啡网石材

墙面：白色金属铝单板、黄色铝单板马赛克、金属铝型材

顶棚：拉膜顶棚、防水石膏板

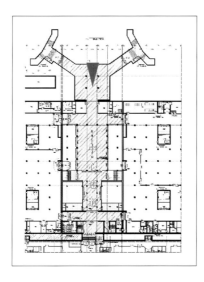 

该部位为3号主通道,主要为商业通道,体现商业售卖与交通疏散相结合的便捷经营方式。
设计手法以点的渐变体现空间感受,有强烈的视觉冲击力。

主要用材

地面:中东灰石材、白色结晶石

墙面:白色瓷质板

顶棚:防水石膏板

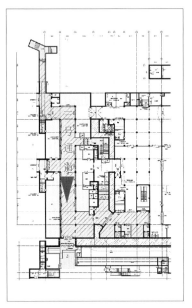

部分参考材料

地面:木纹灰、中东灰、白色结晶石

墙面:白色人造石板、镜面玻璃、喷砂不锈钢、白色镜面不锈钢

顶棚:防水石膏板、金拉膜顶棚

柱体:人造石白色瓷板、马赛克

→ **长春火车站地下换乘空间**

①
②③

①～③　方案一

| ① | ② |
| | ③ |

①~③　方案二

①　
②　③　①~③　方案三

太原南站

在太原地铁项目中，设计师梳理城市历史文化，将现代的时尚感与之结合，使得整个地下空间都能感受到这样的信息。

综合换乘厅

顶棚主体由三个连接的弧形曲面构成，形成流畅而自然的内部空间，犹如一只展翅欲飞的大鹏，舒展奔放，寓意腾飞的太原经济建设。顶棚使用微孔金属型材吊顶，柱面用钛金属色不锈钢装饰，其表面蚀刻水纹图案，寓意太原母亲河（汾河）与城市的依存关系。

公交候车区

顶棚穿孔铝材的使用，以期达到良好的吸声效果，楼梯左侧的墙体立面，采用蚀刻金属板，将诗词歌赋呈现其中。

地面花岗岩石材的铺装方式，参照古代城墙马道的铺装，以期达到对传统的继承。

①、②　太原南站落客区
（出租车）
③、④　太原南站落客区
（公交车）

①～④　太原南站 / 站厅

下篇 ↘ 地铁标识

浅谈导向标识在轨道交通中的设计应用

伏猛

伴随着中国经济的高速发展，近年来神州大地上的轨道交通产业处于井喷式发展中，导向标识系统作为轨道交通空间中若干专业之一，随着轨道交通的建设和发展增强的问题，同时也得到重视和快速发展。它是通过对地下车站建筑、设备、设施进行整合梳理，解决有限的移动空间里乘客能高效、快捷、有序完成出行体验。因此，导向标识系统在地下空间中具有无法替代的功能性及意义：为业主、运营商提供实施和管理的综合指导意见；适合公司企业形象的标志和符号；指导全线导向标识系统的设计与设置；为导向施工单位提供相关的指导信息和工艺规范；统一导向设施制作标准，节约成本，提高效益；体现现代化大都市的城市特征；以人为本的地铁建设理念，帮助乘客安全高效地使用地铁设施。

下面以合肥轨道交通为例，详细阐述导向标识系统的设计。

第一部分　总则

设计范围

涵盖轨道交通车站公共区及站外 500m 范围内的设计，规范了城市轨道交通系统中公共标志的类型、图形符号、文字、数字、形状、颜色、规格、版面，以及在标志设置、组合应用、安装和维修中的原则；规定了标志的种类、功能和使用范围。

设计依据

下列文件中的条款通过引用以下规范的条款。凡是注日期的引用文件，其随后所有的修改单（不包括勘误的内容）或修订版均不适用于本篇文章。然而，鼓励根据本篇文章达成协议的各方研究使用这些文件的最新版本。凡是不注日期的引用文件，其最新版本适用于本篇文章。

GB　5655-1985　　　　城市公共交通常用名词术语
GB/T 10001.1-2012　　标志用公共信息图形符号 / 第 1 部分通用符号
GBT 10001.3-2011　　标志用公共信息图形符号 / 第 3 部分客运货运符号
GB/T 15565 系列　　　图形符号术语
GB/T 15566-2007 系列　公共信息导向系统设置原则与要求
GB/T 15608-2006　　　中国颜色体系
GB/T 16159-1996　　　汉语拼音正词法基本规则

GB/T 16275-2008	城市轨道交通照明
GB/T 16900-2008	标志用图形符号表示规则 / 图形符号表示－规则－总则
GB/T 16903.1-2008	标志用图形符号表示规则 / 第1部分公共信息图形符号的设计原则
GB/T 16903.2-2008	标志用图形符号表示规则 / 第2部分测试程序
GB/T 18574-2008	城市轨道交通客运服务标志
GB/T 22486-2008	城市轨道交通客运服务
GB 2893-2008	安全色
GB 2894-2008	安全标志及其使用导则
GB 13495-1992	消防安全标志
GB 15630－1995	消防安全标志设置要求
GB 50157-2003	地下铁道设计规范

设置原则

通用原则：导向标识系统的设计尽量与国际及国内行业通用标准接轨。

统一原则：导向标识系统采用标准化设计，统一各类型导向的造型、体量、材质、颜色及相关的安装要求。

优先原则：车站导向系统的设置，应优先于其他商业内容。

醒目原则：标志应设置在人们最容易看见的地方，并与背景形成明显的对比识别，达到主动提供信息的功能。

安全原则：标志的设置不能造成任何人体伤害的潜在危险。

名词术语

指引标志：用以向乘客提供某设施或场所方向指引的标志。

确认标志：用以标明某设施或场所的标志。

信息标志：用以表达乘客需要了解的与轨道交通系统相关信息的标志。

禁止标志：不准许乘客发生相应行为的标志类别。

警示标志：提示乘客注意，避免可能发生的危险的标志类别。

无障碍标志：由专为轮椅利用者（老人、残疾人、伤病人等）、视觉障碍者使用的图形符号、文字（包括盲文）和有关设备设施等构成，用以提供导向、位置、综合信息服务的标志。

付费区：车站内，乘客只有在使用有效车票后才可以进入的公共区域。

非付费区：车站内，乘客不需要使用有效车票就可以进入的公共区域。

自动检票机：分隔车站付费区和非付费区，具有自动检票功能的机器。含单向（进站或出站检票机）及双向检票机。

乘客服务中心：车站内为乘客提供售票、补票、验票、问讯等服务的场所。

第二部分　导向标识的设计构成

图形符号设计

　　按照中华人民共和国国家标准《城市轨道交通客运服务标志》（GB/T 18574—2008）的相关要求进行规范运用。具体使用的图形符号如下图：

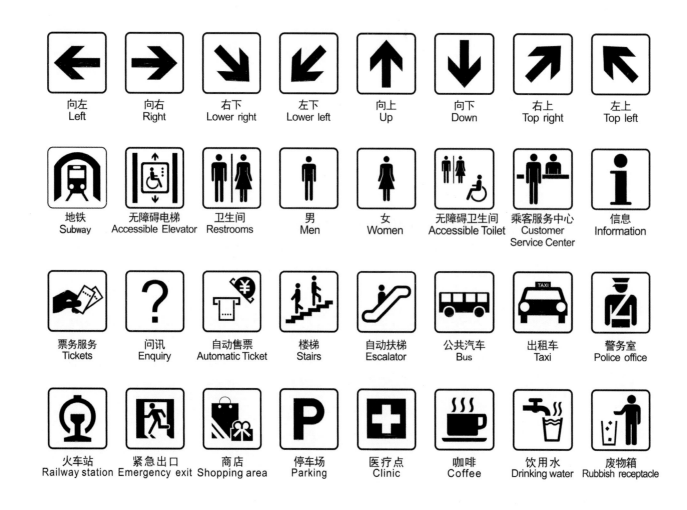

色彩设计

　　色彩是标志构成的重要元素，虽然平面色彩千变万化，区别于商业空间的轨道交通导向标识其选择余地，要全面衡量统筹规划，从线网的角度以及城市公共交通体系两个层面进行考虑设计。同时应符合 GB/T 20501.2、GB/T 20501.3 中的有关规定。

    城市公共交通体系主要研究对象如公交、出租车、飞机、火车等公共交通标志色的关系，考虑地铁与不同公共交通换乘的颜色及标志。因此色彩体系要根据不同城市交通行业的标志色和规划的轨道交通线网线路色（线路色作为支撑整个标识系统设计的前期工作，一般由地方在线网规划时就要完成的）作为主要研究基础。提炼出符合轨道交通行业及地方代表性的色彩来作为基准色。在合肥轨道中规定了牌体基准色为灰色（色号 pantone426C），出站图符（该符号不属于国标，因其直观的认知习惯被国内多数城市广泛采纳）的底色采用通用绿色（色号 pantone355C），信息主体的文字及数字采用白色。示例：

文字设计

    标志中的文字应同时使用中、英两种文字，原则上英文应与中文——对应，同一内容的文字，英文字体不能大于中文字体。汉字应以《简化字总表》《第一批异体字整理表》为准，词句、简称等应规范。拼音标注应符合 GB/T 16159 的要求。数字使用阿拉伯数字。标志中的地名（含站名）应符合市政府管理部门的相关规定。标志中的中文应使用印刷微软雅黑（国标规定为黑体，但从排版效果上微软雅黑更正平稳，优于黑体），数字和英文应使用 Arial 字体。

中文	微软雅黑	乘客服务中心
英文	Arial	Customer Service Center
数字	Arial	1 2 3 4 5 6 7 8 9 0

组合原则

    标志高度：a（规格为 300mm, 该尺寸牌体符合人体工程及视觉观察）

    标志宽度：按信息的空间需要，宜采用 a 的整数倍。示例：

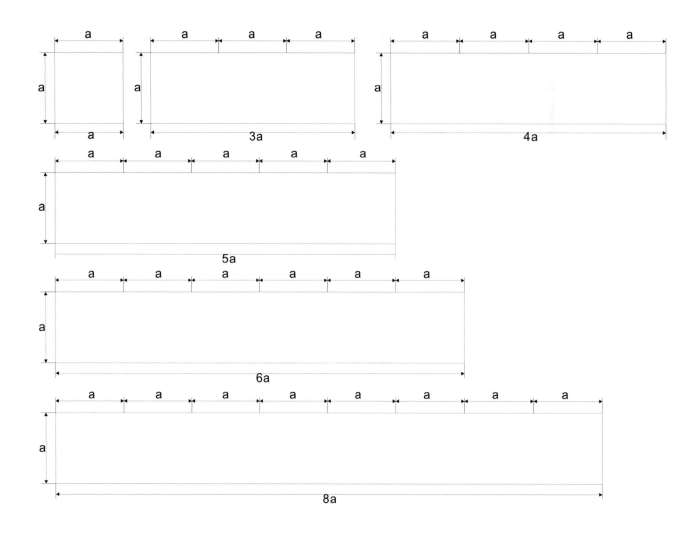

标志中的箭头、图形符号、中文、英文和数字宜按重要程度从左到右。示例:

横排横写;中文在上,英文在下。只有当箭头向右时,标志中的箭头、图形符号、中文、英文和数字才按重要程度从右到左。

示例:

两个（含）以上重要程度相当的单一标志相邻设置时，在不与本规范规定的标志风格相悖，且不会引起乘客歧义的前提下可组合设置。

示例：

两个（含）以上信息是不同类别或不同方向时，中间应加分隔线区分。

示例：

指引和确认标志中图形符号、中文和英文尺寸及其与标志边缘的距离要求如下：

其他标志规格尺寸宜根据安装标志的建筑结构等要素，按比例协调设置。

吊挂牌中吊杆的位置应设在牌体左右两侧边缘或向内位置均可。

车站出入口命名原则

出入口编号有数字、字母两种方案，国内目前多数采用字母命名方式，如合肥轨道在出入口命名上就采用大写英文字母命名，依次为 A、B、C、D，其中 I、O、Z 不作编号用；通道分岔口采用字母加数字的组合表示，依次为 A1、A2。反之，数字命名，依次为 1、2、3、4、5、6、7、8、9，其中 0 不作编号使用；通道分岔口采用数字加字母的组合表示，依次为 1A、1B……其中在编号顺序上是结合方位顺时针或结合建筑顺序进行均可。示例：

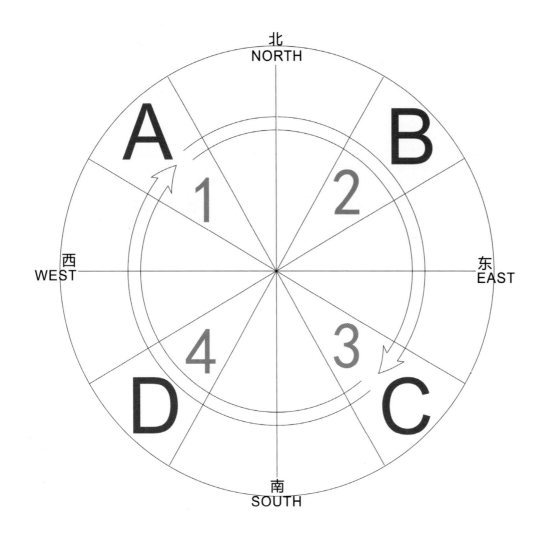

第三部分　导向标识的规划设置要求

设置要求

　　导向标识的布置应根据不同的客流路线组织而统筹规划，规划布置的通用要求如下：

　　1）标志设置在地铁车站最科学的位置，能为使用者提供在此位置最需要了解的信息。

　　2）导向标识必须设置在通道及客流通行区域的中心线，并应与客流方向相垂直；在导向标志的宽度范围内，禁止设置商业广告及其他与服务标志内容无关的任何设施。

　　3）辅助标志、提示与警示标志等宜平行客流方向设置，且在距此类标志3m的范围内，不应设置广告。

　　4）标志设置应能"主动"地为使用者提供其所需的信息。地铁导向标识系统的布置设计应符合乘客不同交通行为的特征规律，并满足乘车：选择目的地，行动确认各个阶段的信息需求。布置设计应与站内空间环境设计紧密配合，以确保标志系统必要的设置空间。

5）在客流的交叉点、分流点以及客流的转向处，必须设置相应的导向标识。

6）在售票处、闸机口、楼扶梯口、出口、站台等客流动线的必须停顿处以及公用电话、警务室等设施处，须设置相应的定位标志以及与此相关的地面信息标志。

标志设置的间距、视距及视野要求：

标志应设置在醒目、没有视线遮挡以及其他信息干扰的适宜位置。

岔路口应设置导向标志。

当通道的长度大于 30m 时，应重复设置相应的导向标识。

标志设置遵照规范要求设置，要以人为本、安全、准确、易识别。

标志设计信息连续，传递准确、繁简适度、满足视觉要求。

标志设计按照不熟悉枢纽状况人的标准设计。

标志尺寸尽量统一，位置排列整齐。

标志设置与建筑环境及景观相协调。

设计参照地铁、公交客运、电汽车等国家标准、专业标准。

视距及视野要求：

详见下图：

1. 便于视读	示意图	说 明
远视距标识：以 20~50m 视距设计； 中视距标识：按 8m 设计； 近视距标识：按 3~5m 设计	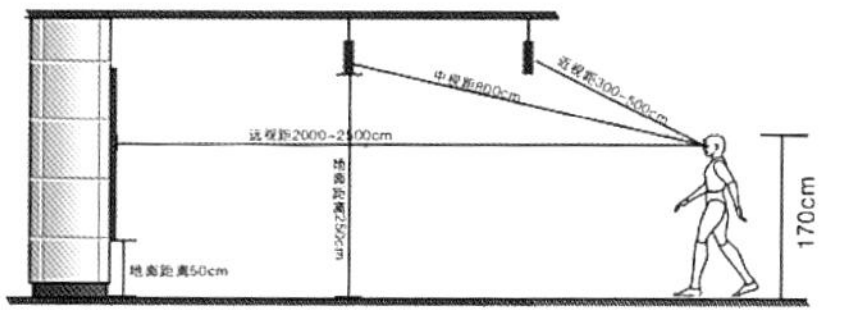	按视距原则设置导向牌的数量，更能适度地运用导向标识牌，使得数量以适度的原则出现
2. 照明要求	示意图	说 明
应设计在明亮的地方，以保证人们能正常地辨认标识；如附近无法找到明亮地点，则应考虑增加辅助光源或使用灯箱	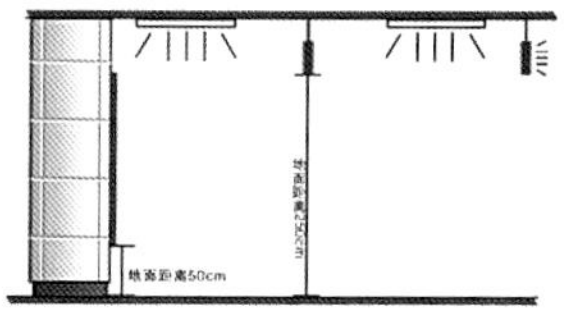	在光源充分的地方可以考虑设置不发光的导向标识牌，要遵循标识牌不能有强烈地反光，影响信息的读取
3. 视野要求	示意图	说 明
应该在人的最佳视野范围内（正负 30°范围内），这样便于人们的阅读	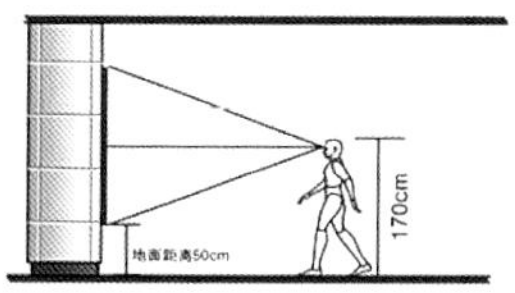	在人最舒适的读取范围内读取信息，府河人机工程学的标准，减少了乘客的阅读时间，增加阅读舒适度

设置类别

可根据标志具体的设置位置和环境选择采用吊挂式、悬臂式、嵌墙式、落地式或贴附式。

吊挂式设置示例：

嵌墙式设置示例：

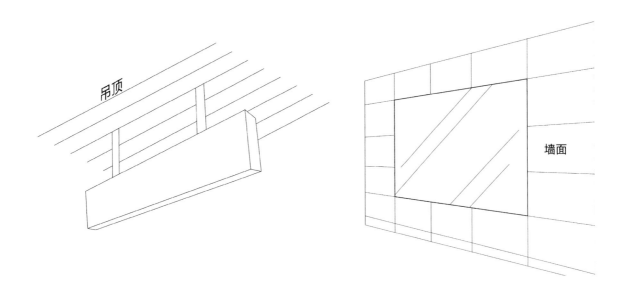

落地式设置示例：

贴附式设置示例：

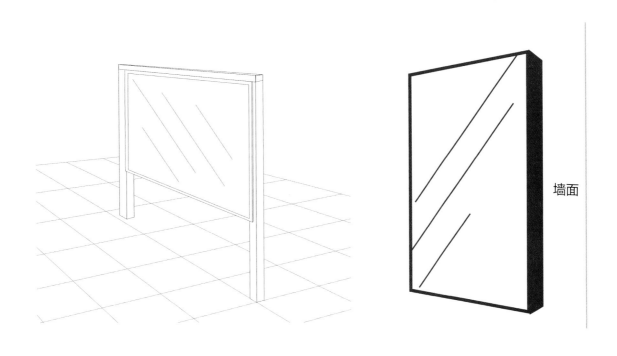

悬臂式设置示例：

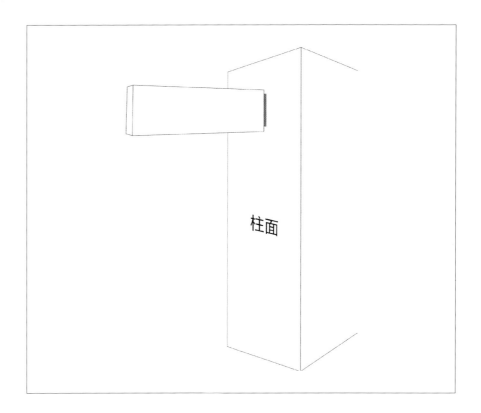

柱面

照明要求

采用外部照明的标志，照明条件应符合 GB/T 16275 的相关规定，其照度应达到此规定中相应场所照度标准值的下限值。

采用内部照明的标志，其光亮度应在 500 ～ 800lux 范围内，要求单个牌体内不应出现光照不均匀的现象，并保证同一空间中所有牌体的照度保持一致。

控制要求

确认进出站方向的自动检票机标志和自动扶梯运行标志应分别与自动检票机、自动扶梯实现联动。应对每个标志牌实行单独控制。露天的发光标志牌体应与地铁运营发光时间范围控制一致。

材料要求

1. 通用材料要求

包含不锈钢、铝型材、铝板、PC 板、吊杆、箱体骨架、连接件、固定件、镀锌钢、电线、绝缘材料、外包材料、光源、PE 接线端子、气压杆、膜材料等需满足相应规范标准。

2. 工艺要求

主要是对的标志牌内、外部结构工艺满足设计要求。

3. 性能要求

标志牌的尺寸、箱体照度、材料燃烧性能、防护等级及使用寿命要满足规范标准。

4. 装配要求

在运输及安装过程中要满足设计的孔洞、活动部分、清洁、焊接、精确度、机械接合点等相关要求。

安装设置

标志的版面制作商应严格按照牌面信息、版面设计及相关安装制作图纸进行生产；定位标志的设置要求。安装具体位置应与车站装修相协调，根据装修图纸与现场实际情况做局部调整，做到标志在各个方向不相互影响遮挡。安装时，遵循如下要求：

1. 根据车站的地理方向及牌面信息所指的方向进行安装。

2. 吊挂式：标志牌底部最低点距地面 2500mm，站台层牌体离屏蔽门最小距离350mm。依据牌体点位图位置，在不影响功能的情况下，尽量与装修吊顶板材居中。要求吊装后吊杆垂直于地面，牌体不可出现扭曲歪斜。

嵌墙式：标志牌距地 700mm（另有说明除外），建议与装修墙面板材缝对齐。

落地式：依据牌体点位图中的位置安装。

贴附式：运营时刻牌底部距地 1350mm，站台层线路图底部距离地面 700mm，站台站名牌底部距地面 1400mm，另有说明除外，以上牌体与装修墙面板材缝对齐或与板材居中。

悬臂式：标志牌底部最低点距地面 2500mm。

立柱悬挑式：标志牌底部最低点距地 2500mm，立柱尽量靠近柱子或墙体。

3. 各个通道口、楼梯口的吊挂标志牌的位置与相应出口对应居中设置，在不影响其他标志牌的情况下可以做微量调整，范围不得超过 200mm。

4. 并列布置的标志牌，应保持在同一直线上，互不干扰（10m< 标志，牌间距 <20m)。

5. 同一通道上的吊挂式标志牌应保持左右平直，并保证通道上的行人能直接看到标志牌。

6. 所有标志牌设置微量调整不得大于 200mm。

7. 标志的正面或邻近不得有妨碍人们视读的固定障碍物（如广告牌、PIDS 等），应尽量避免经常被其他临时性物体遮挡。

8. 标志牌调整位置后，其接电方式：距原供电接口附近的，可用电线线管延接电源；距原供电口较远的，就近利用电源线管延接同类电源。

设置的地点：指引标志应设在便于人们选择目标方向的地点，并按通向目标的最佳路线布置，如目标较远，可以适当间隔重复设置，在分岔口处都应重复设置导向标志。资讯标志应设置在紧靠近所要说明的设施，设施的上方或侧面，或足以引起公众注意的与该设施、设施邻近的部位。定位标志应设在入口处或该位置的点上，安全警示标志应设在所要说明（禁止、警告、指令）的设备处或场所附近醒目位置。

维修要求：

1. 标志牌体的依托物应稳固，能够承受可预见的外力。
2. 发光标志的开启角度应保证方便维修及更换。
3. 发光标志应做好散热处理。
4. 吊挂式标志的吊装结构应做可调节处理，便于与装修顶面结合。
5. 嵌墙式标志宜与装修面材质分缝相适应，达到整齐美观。
6. 落地式标志的基础处理应达到安全稳固的需求，整齐美观，宜使用便于安装的方式。
7. 设置在露天的标志，应采取防风、防水和防日照的措施。
8. 标志应定期进行检查和保养。

第四部分　导向标识的设计应用分类

站外、出入口标志

站外 500m 指引标志

用于指示前往轨道交通车站出入口的方向。应设置在轨道交通车站周围 500m 范围内，宜设置在道路交叉口、人行道、重要建筑出口等客流量较大的地点。当换乘站多条线路的出入口分开设置，站内无法连通时，应该增设指示不同线路出入口的导向标识，即增加线路号。形式可为落地式安装或与市政导向结合，以下为示例：

出入口地徽

　　用于确认轨道交通车站的出入口位置。应设置在地铁出入口外在建筑物上或其旁边的适宜位置，满足不同方向乘客的辨识需求。

站名牌（门匾）

　　用于确认车站名称。车站位置标志应设置在车站出入口的醒目位置。示例：

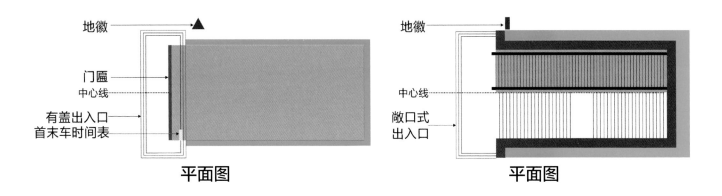

通道、站厅层标志

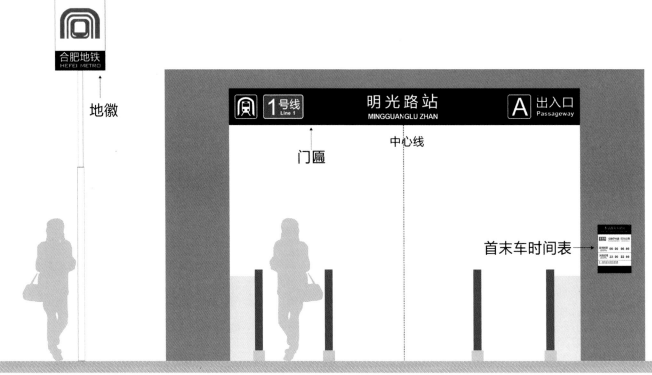

通道乘车指引标志

应设置于岔路口或在长于 30m 的通道、站厅，用于乘车指引标志，引导乘客进站。
示例:

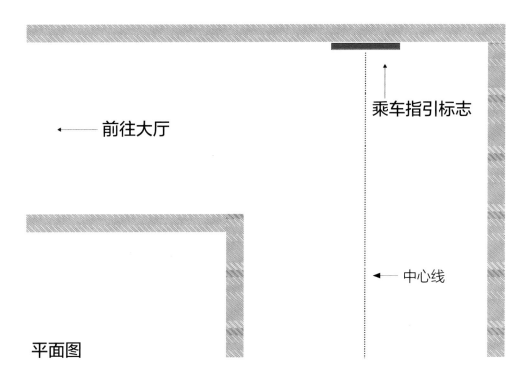

前往大厅

乘车指引标志

中心线

平面图

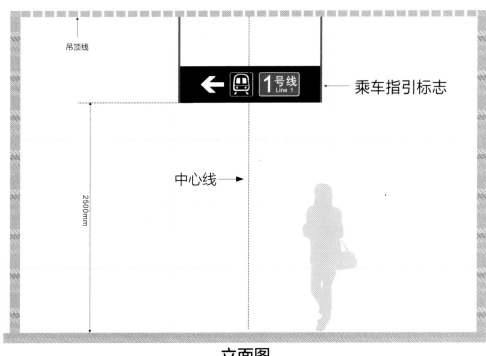

吊顶线

乘车指引标志

中心线

2500mm

立面图

公告栏

用于提供轨道交通系统中与运营制度、法律、规章制度等相关的信息。宜设置在进站通道靠近站厅处或站厅非付费区靠近出入口的适宜位置。形式嵌墙或落地设置均可。

示例：

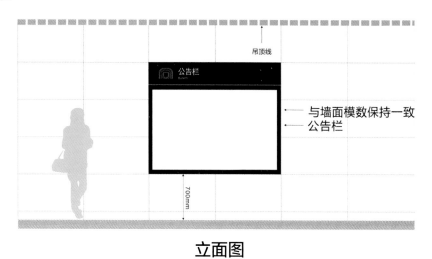

立面图

客运服务设施定位标志

自动售票机、自动查询机、乘客服务中心、无障碍电梯等定位标志应设置在相应设施的上方或附近位置。客运服务设施定位标志信息内容应包括图形符号、文字注释。用于方便乘客购票、补票和问询的定位标志，应设置在乘客服务中心付费区方向的上方或附近；自动售票机定位标志在遇到换乘枢纽、机场等特殊环境下，建议在牌体文字上添加"地铁"两字加以区分于换乘枢纽中的其他自动售票机。

示例：

立面图

自动售票标志

自动售票标志应设置在自动售票机上方，正对客流方向。适用于客流方向与自动售票机排列线垂直的情况。

示例：

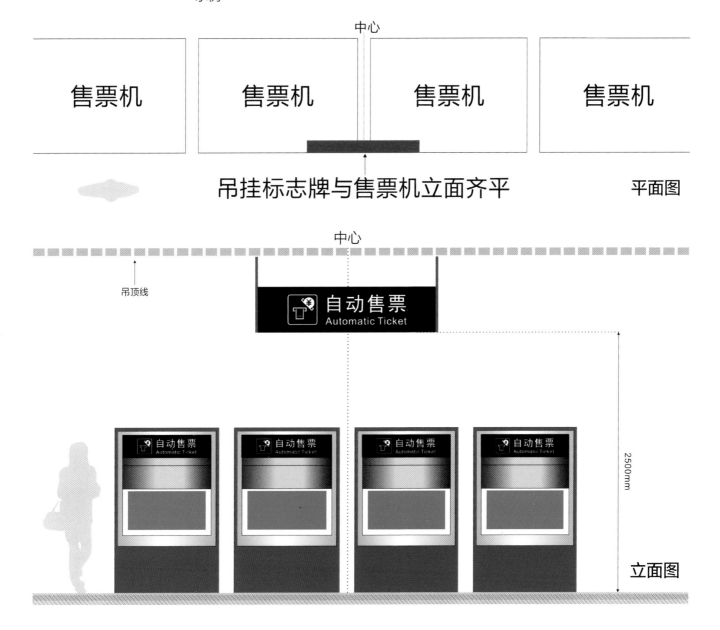

自动售票指引标志

如从站厅入口处无法直接看到自动售票机时，应在车站入口到自动售票机路线上的适当位置设置自动售票指引标志。

示例：

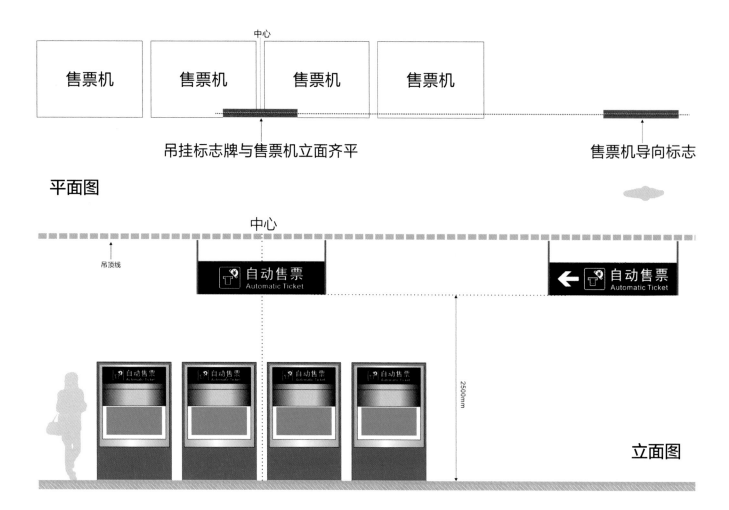

票务资讯信息标志

用于提供轨道交通票务信息，应与轨道交通线网示意图组合显示。应设在自动售票机附近。

示例：

平面图

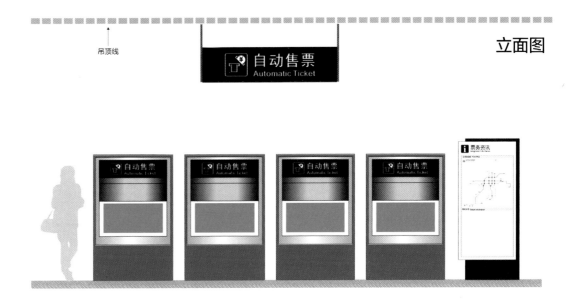

客服中心指引标志 / 客服中心标志

　　如从站厅入口处无法直接看到客服中心时，应在车站入口到客服中心路线上的适当位置设置客服中心指引标志。

　　客服中心标志设置在设施正上方。

　　示例：

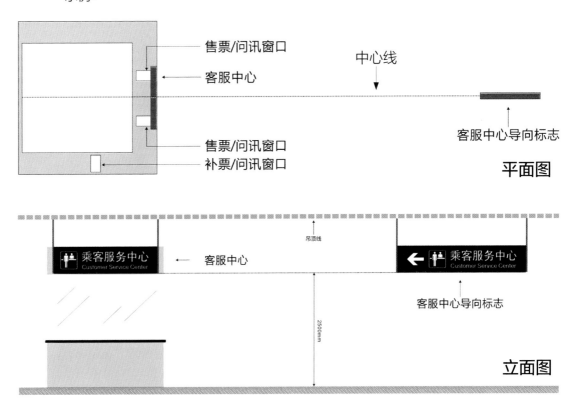

进出站自动检票机状态标志

　　自动检票机状态标志用于确认经自动检票机进入付费区或非付费区。应设置在自动检票机上方，两面都显示信息。采用联动式为 LED 显示屏。

　　示例：

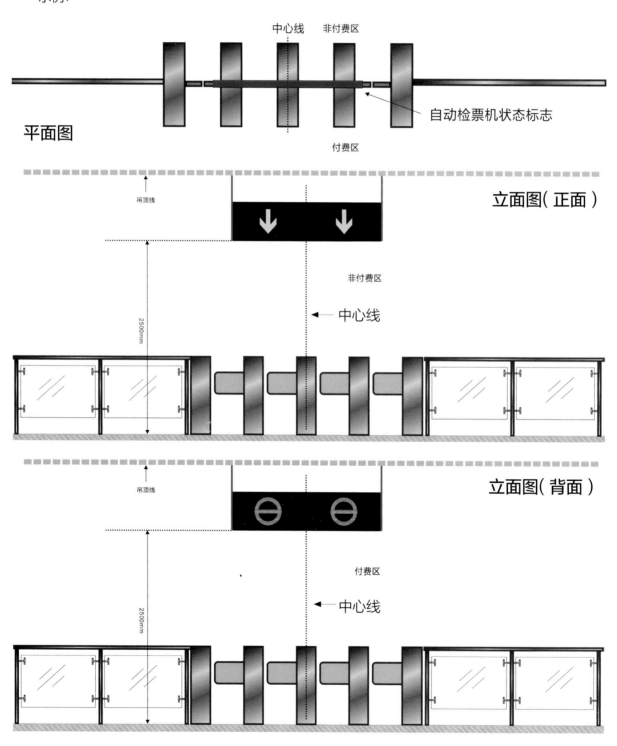

无障碍电梯指引标志 / 无障碍电梯标志 / 电梯温馨提示标志

电梯指引标志应设置前往电梯的路线上。电梯标志应设置在电梯口上方，或设在电梯井旁，面向客流，电梯温馨提示应设置在电梯旁边。（根据环境无障碍电梯标志优先采用贴附式和吊挂式）示例：

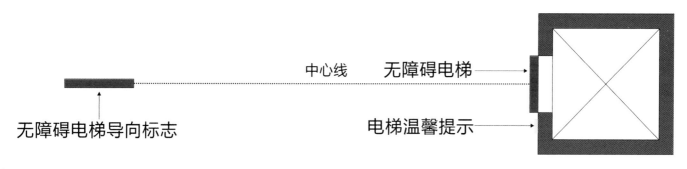

中心线　无障碍电梯

无障碍电梯导向标志

电梯温馨提示

平面图

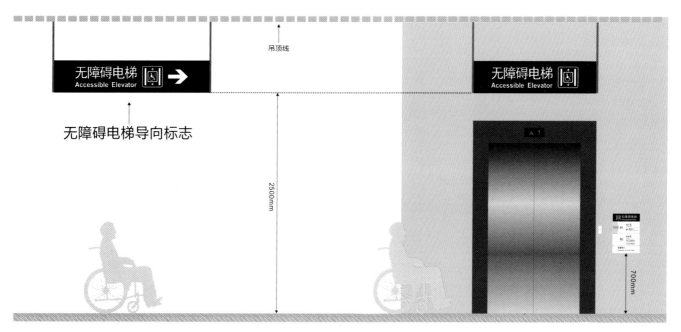

无障碍电梯导向标志

立面图

综合资讯标志

应设置在站厅付费区的出站检票机附近。用于提供完整的乘车、出站相关信息，包括全线线网图、本站层级图、本站周边地图、出入口周边信息、周边公交车次等。

周边地图用于提供轨道交通车站周边 500m 半径区域内与交通出行相关的重要信息。

本站层级图用于提供轨道交通车站内各服务设施和出入口的相对位置，要求空间表现正确无误、颜色清晰易于分辨。

出入口周边信息，用于提供各出入口附近的主要交通要道、主要建筑等，以方便乘客辨别方向。

示例：

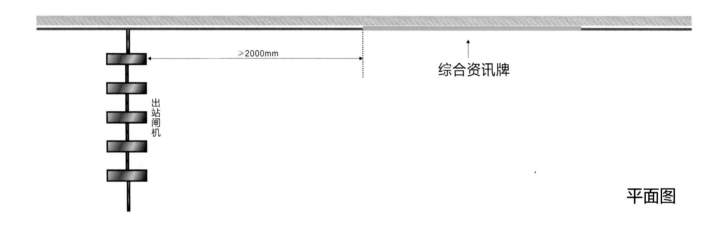

平面图

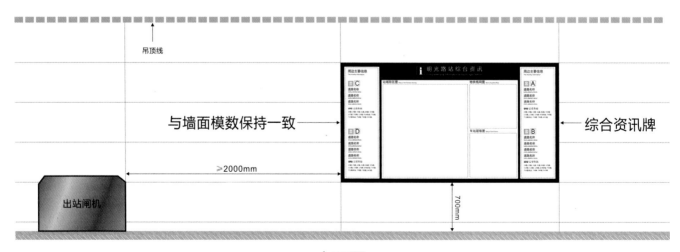

立面图

出口标志 / 车站出口信息标志

　　用于提供车站当前出口周边主干道和次干道、标志性建筑物、学校、医院、旅游景点和公园的名称等信息。出口标志应设置在站厅非付费区人行通道口的上方； 车站出口信息标志应设置在站厅非付费区人行通道口的侧墙上。（街道路名后冠以方位进行定位识别）

　　示例：

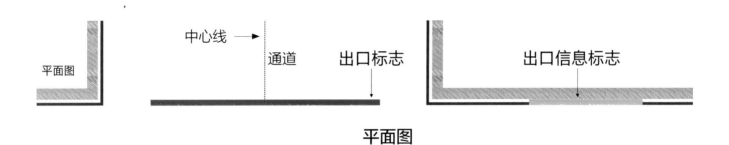

平面图

立面图

站台层标志
乘车指引标志 / 列车运行线路标志

　　列车运行线路标志走向可用直线表示，站名排列与列车运行方向一致，其中本站站名应有别于其他站名，站台层面向连接站厅的楼梯附近有柱子时，列车运行线路标志应设在柱面上。示例：

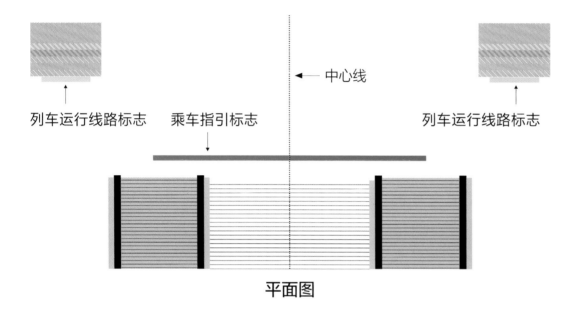

平面图

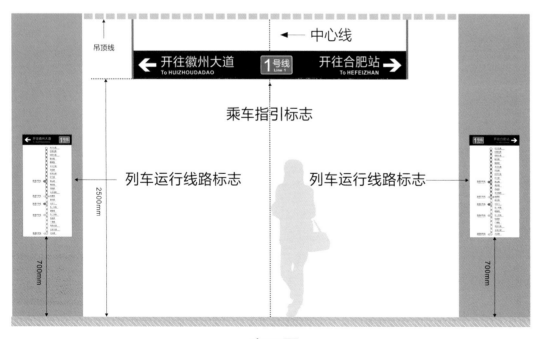

立面图

列车运行方向指引标志

用于指示列车运行的方向，含本站站名、末端站名，应设置在站台上方、安全门上方或者道心侧墙上（高架站设置于半高屏蔽门上或采用落地式、竖式线路图）。

示例：

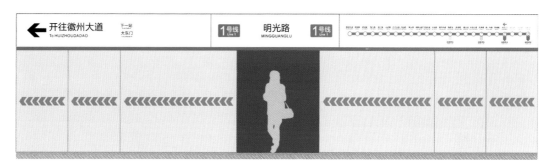

立面图

站台综合资讯标志

用于提供线网图、层级图、注意事项等信息。应设置在站台层正对楼扶梯口的适宜位置，以不阻碍客流为宜。示例：

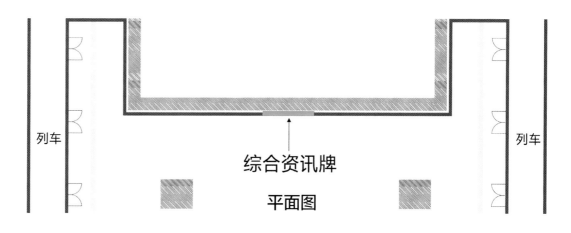

平面图

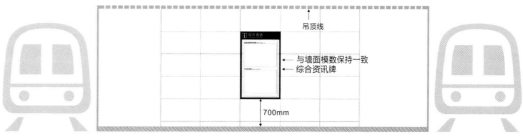

立面图

站名标志

　　设在站台面向列车的柱面上或墙面上。本站站名应使运行列车中的乘客能通视。因楼梯、设备用房等设施隔断视线的，相应的部位应增设站名标志。

　　站名墙示例：

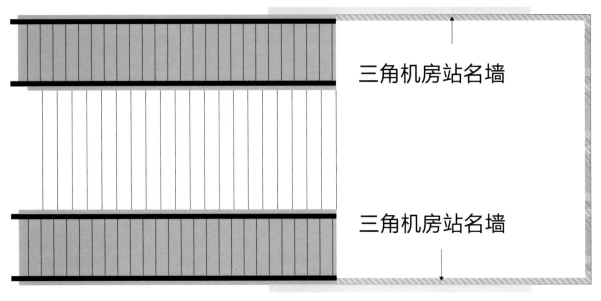

平面图

立面图

站名牌示例:

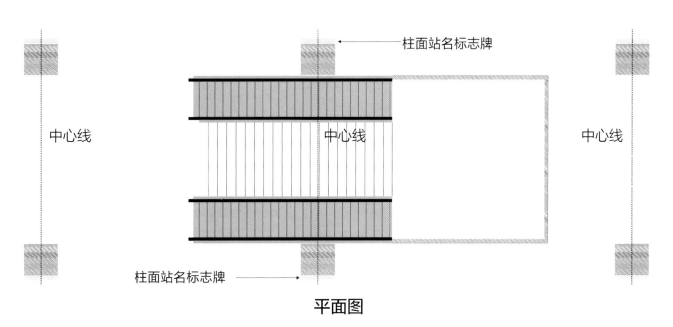

平面图

立面图

站台自动扶梯指引标志及出站指引标志

　　站台层的出站指引标志应设置在站台的楼扶梯平台靠近轨道的位置；　自动扶梯指引标志及出站指引标志应设置在站台的楼扶梯平台位置。

　　示例：

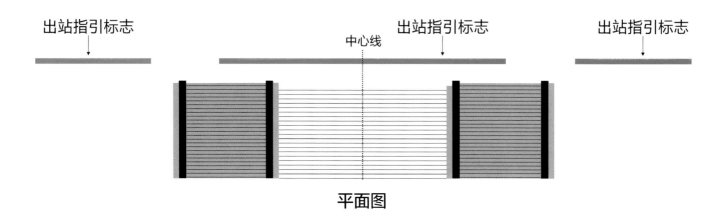

平面图

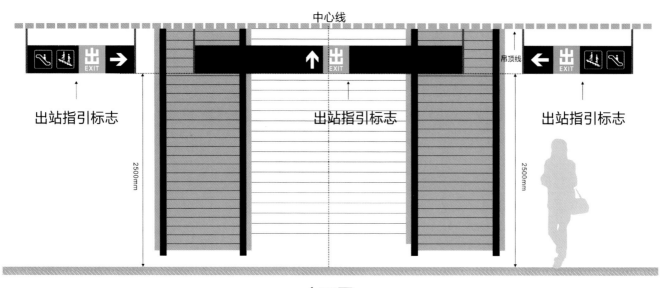

立面图

卫生间指引标志 / 卫生间标志

当卫生间标志不易发现时，应设置卫生间指引标志。

卫生间标志有悬挂式和附着式两类。附着式设在相关卫生间门旁；悬挂式设置在卫生间附近，与客流方向垂直。示例：

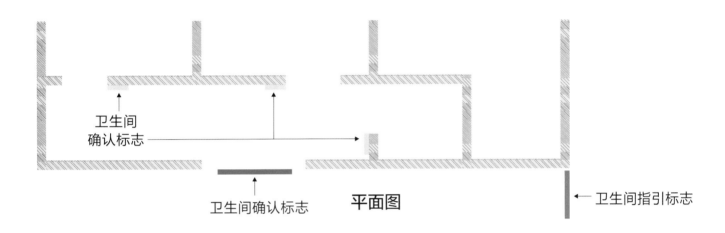

平面图

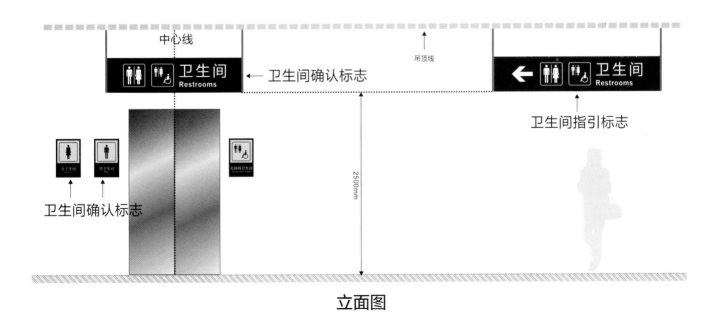

立面图

警示类标志
禁止标志

禁止标志用于禁止相应的行为，应设置在禁止标志所禁止的行为容易发生的地点。

禁止携带危险品标志（通常设置于车站出入口处醒目位置，与客流垂直，便于视读）

严禁携带易燃易爆等危险品进站
Dangerous articles prohibited

其他禁止标志（设置于车站站厅公共区、付费区、站台、屏蔽门等处）

禁止入内
No entering

禁止吸烟
No smoking

禁止跨越
No striding

请勿乱扔废物
No littering

请勿翻越栏杆
Don't Crossthe Handrail

禁止倚靠
No leaning

禁止摆卖
No vendors

请勿坐卧停留
No loitering

禁止跳下
Stay cuear from trackers

禁止攀登
No climbing

请勿携带宠物
No pets

警告标志

警告标志用于提示乘客提高注意力，避免可能发生的危险。（通常设置于站厅、站台、屏蔽门、楼扶梯处）

提示标志（通常设置于电扶梯处）

消防安全标志

设置高度距地面 1m 以上的紧急出口标志的设计按照本标准执行，1m 以下的紧急出口标志和其他消防安全标志应符合 GB 2893、GB 2894、GB 13495、GB 15630、GB 16179 和 GB 50157 的要求。

紧急疏散标志

应符合 GB 15630-1995《消防安全标志设置要求》GB/13495-92《消防安全标志》GB 17945-2000《消防应急灯具》GA480《消防安全标志通用技术条件》相关规定。示例：

墙柱面疏散指示标志　　　　地面疏散指示标志　　楼梯踏步疏散指示标志

进出站标志应用流程表

进站流程（沿着乘车车头符号进站乘车）

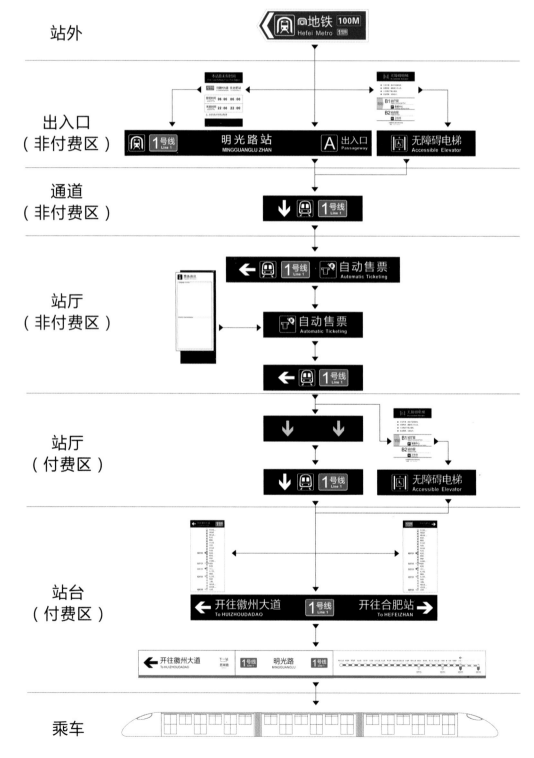

出站流程（沿着绿出符号出站）

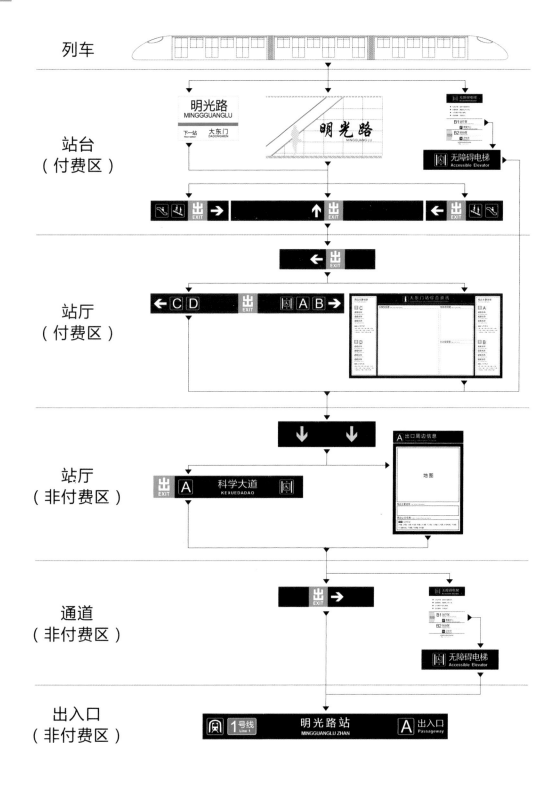

合肥南站综合交通枢纽导向标识系统设计方案

地铁导向标识系统方案实例——合肥南站综合交通枢纽导向标识系统设计方案

　　合肥南站综合交通系统枢纽导向标识系统设计方案是参考国内外诸多成功案例，以《日本工业标准》《建筑设计资料集10（技术－标识）》《视觉对象标识统一标准》和中国国家标准《GB/T 10001-2006 标志用公共信息图形符号》《GB/T 20501-2006 公共信息导向系统要素的设计原则与要求》为基础，结合安徽本地特色形成的。以直观图表或精炼文字，及各类标识牌为信息载体引导或提示各类人员和车辆到达目的地，并在枢纽中有序通行、活动的统一系统。大型交通枢纽标识的科学性是带给旅客的第一印象，统一的形态、材质、色彩、文字、制作技术标准，以及准确、合理的各类标识布设，是实现枢纽内旅客顺利通行和行程合理空间秩序的关键。

系统设计概念

设计主题概念

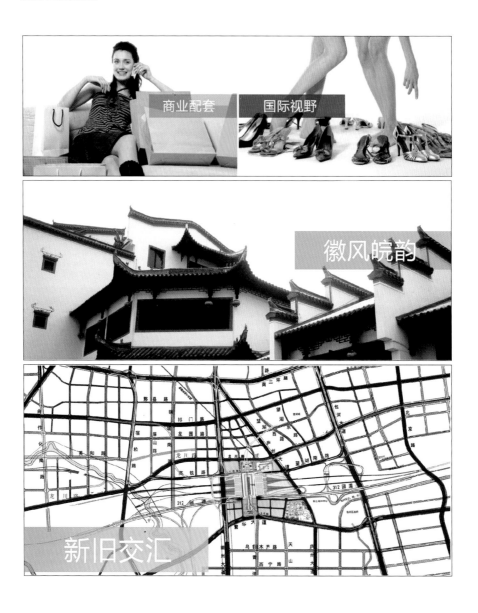

律动 合肥

合肥南站枢纽

导向
科学规律

导向
要素的运动

律 动

节奏与韵律

灵动之城

导向标识系统

使用者为本
人机需求
心理需求
审美价值
人文精神

常规导向系统
动线分析
路径清晰
传播有效
环境和谐

枢纽疏散目标
的解构与统一

软导向
地标性导向
刺激性记忆
景观性导向
装饰性导向

管理与维护
方案可行
预算可控
便于安装
便于维护

环境认识分析

区位功能价值

区域综合交通重要节点，合肥的高铁动脉门户

合肥南站综合交通枢纽作为立足安徽，面向全国的区域型大型综合交通枢纽，是合肥市对内、对外的重要交通节点。

枢纽设施认识：多功能，零换乘，无缝衔接

合肥南站规划形成"一轴两核，两场四片"的空间布局结构，形成以站房中轴为主轴，同时与周边开发地块相融相合的交通综合体。场站布局考虑与高铁、轨道交通（1、4、5号线）、公交、出租车、长途客运与城市道路系统的无缝衔接，充分体现以人为本，零换乘的规划设计理念。南站枢纽建成之后将合肥市最大的陆上客运交通门户。其建设将大大提升城市服务水平，带动地区经济，为城市发展注入新的活力。

北广场各层垂直示意图
North Square Vertical Map

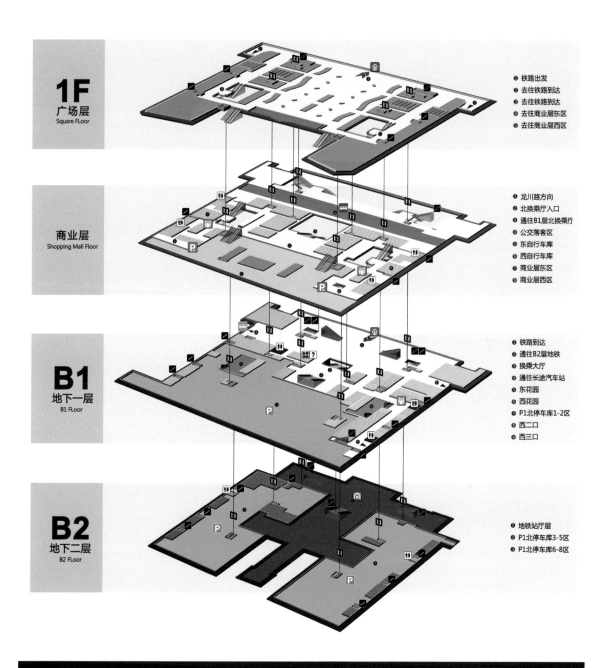

1F
广场层
Square FLoor

❶ 铁路出发
❷ 去往铁路到达
❸ 去往铁路到达
❹ 去往商业层东区
❺ 去往商业层西区

商业层
Shopping Mall Floor

❶ 龙川路方向
❷ 北换乘厅入口
❸ 通往B1层北换乘厅
❹ 公交落客区
❺ 东自行车库
❻ 西自行车库
❼ 商业层东区
❽ 商业层西区

B1
地下一层
B1 FLoor

❶ 铁路到达
❷ 通往B2层地铁
❸ 换乘大厅
❹ 通往长途汽车站
❺ 东花园
❻ 西花园
❼ P1北停车库1-2区
❽ 西二口
❾ 西三口

B2
地下二层
B2 FLoor

❶ 地铁站厅层
❷ P1北停车库3-5区
❸ P1北停车库6-8区

合肥南站 Railway Station　商业区 Shopping Mall　地铁 Subway　公交落客区 Drop-off Area　长途汽车 Coach　北停车场 North Parking　自行车库 Bicycle Parking

洗手间 Toilet　问讯处 Information　寄存处 Bag Check　景观 Landscape　自动扶梯 Escalator　电梯 Elevator　楼梯 stairs

北广场广场层平面图
North Square Square Horizontal Plan

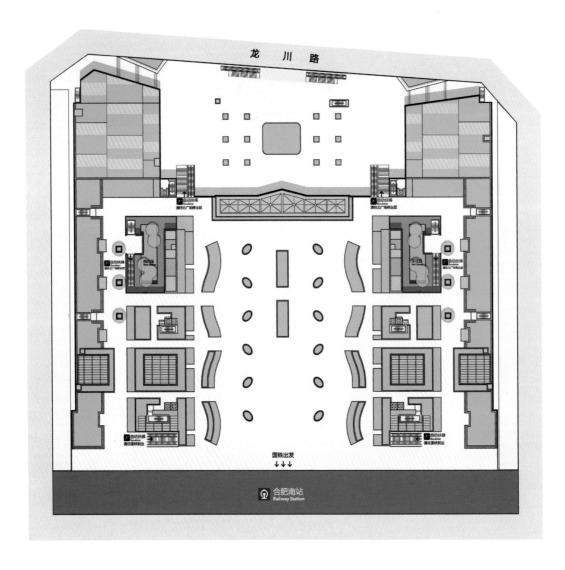

北广场商业层平面图
North Square Shopping Mall Floor Horizontal Plan

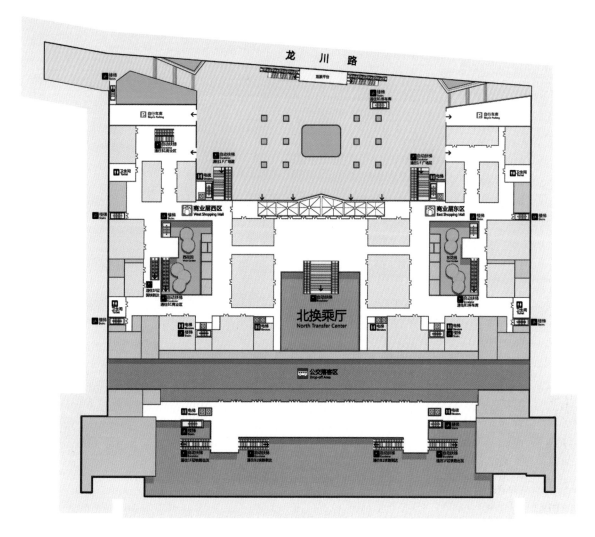

商业区 Shopping Mall   景观 Landscape   B1层 B1 Floor   设备区 Equipment Area

北广场地下一层平面图
North Square B1 Floor Horizontal Plan

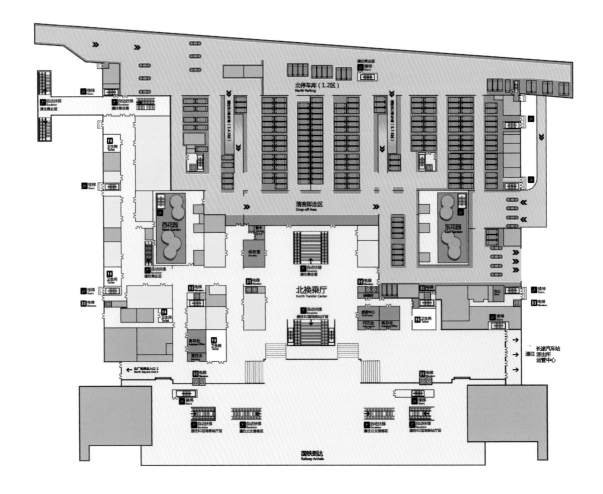

| | 商业区 Shopping Mall | 景观 Landscape | 设备区 Equipment Area | 停车库 Parking |

北广场地下二层平面图
North Square B2 Floor Horizontal Plan

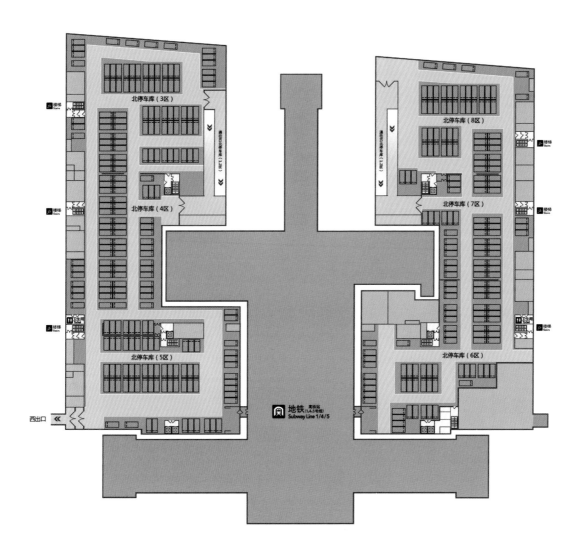

| | 停车库 Parking | | 地铁 Subway | | 设备区 Equipment Area | | 通道 Passage |

东换乘厅平面图
East Transfer Center Horizontal Plan

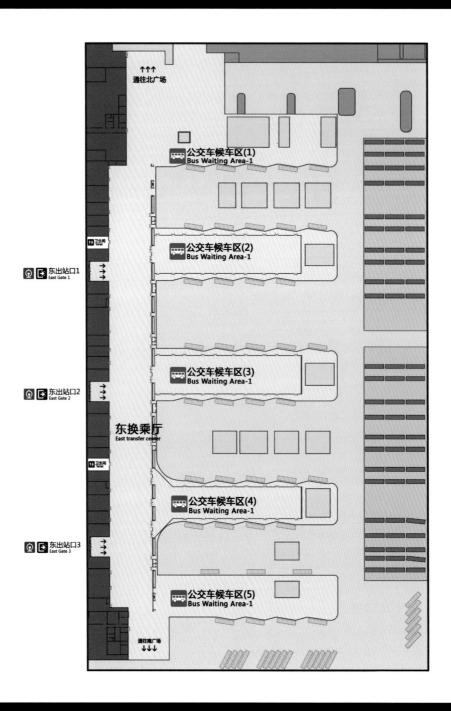

西换乘厅平面图
West Transfer Center Horizontal Plan

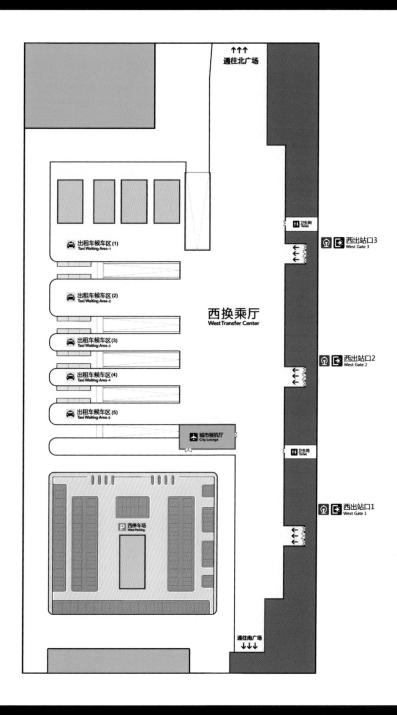

西换乘厅	景观	国铁	停车库
West Transfer Center	Landscape	Railway	Parking

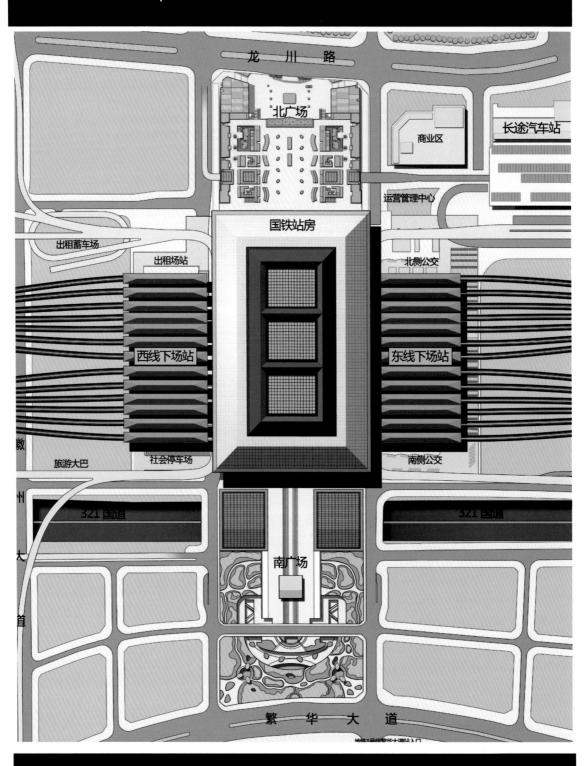

合肥南站枢纽平面图
Hefei Station Hub plan

| 绿化区 Green Area | 景观 Landscape | 公路 Highway | 高架桥 Viaduct |

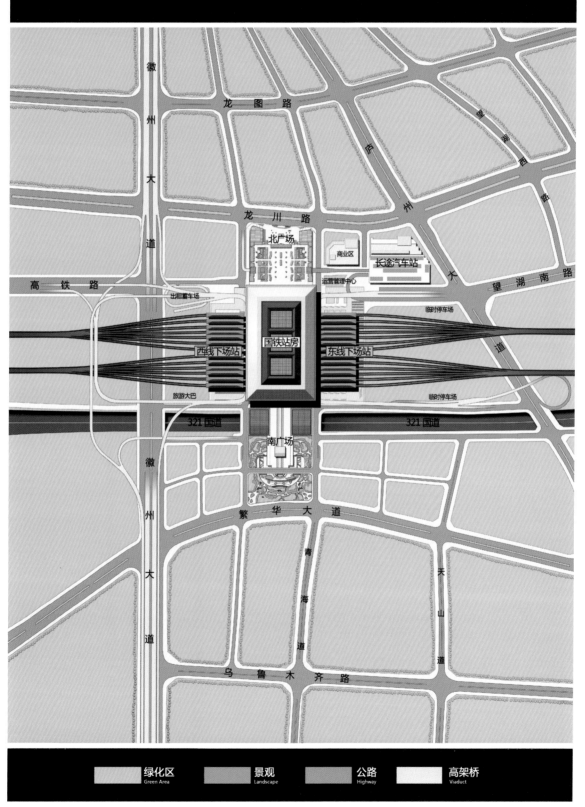

合肥南站周边区域信息图
The Surrounding Area Information Plan of Hefei Station

绿化区 Green Area　　景观 Landscape　　公路 Highway　　高架桥 Viaduct

《版面信息图册》设计说明

图纸说明

1. 图纸绘制原则

1）《版面信息图册》的信息设计对应《规划布置图册》的标识布点。

2）在标识《版面信息图册》中，设计依据规划布置图图面方向确定标识 A/B 面和 A/B/C/D 面信息，一般情况下，左/上为 A 面，右/下为 B 面。在柱面涂刷的标识，以规划布置图柱面 4 个面为基准，上/右/下/左分别为 A/B/C/D 面。

重要信息色彩

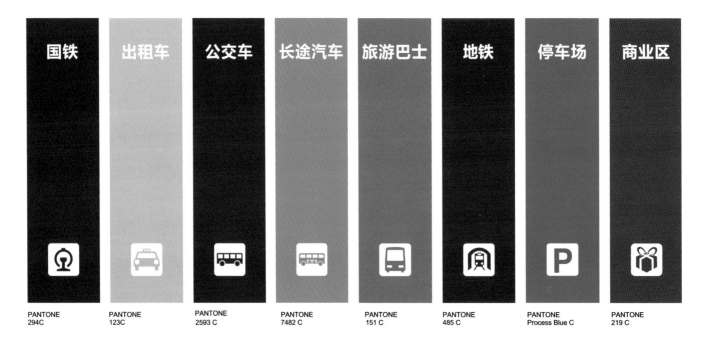

国铁	出租车	公交车	长途汽车	旅游巴士	地铁	停车场	商业区
PANTONE 294C	PANTONE 123C	PANTONE 2593 C	PANTONE 7482 C	PANTONE 151 C	PANTONE 485 C	PANTONE Process Blue C	PANTONE 219 C

主、次要信息底色色彩

主要信息　　　　PANTONE 425C

次要信息　　　　PANTONE Cool Gray2C

3）信息色彩识别体系。对于枢纽的重要信息，进行了色彩识别的区分。

4）信息的重要度的分类。结合枢纽的实际情况，进行了对枢纽信息的重要度的分类，以便于旅客的迅速检阅。对主要信息，如各种交通工具信息、紧急出口、急救、公安、消防、停车场等重要的信息，采用不同彩色识别；对次要信息，如各种服务设施、洗手间、楼电梯、商业、餐饮、酒店等，采用无彩色识别。

主要信息

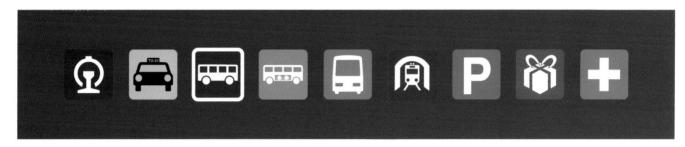

次要信息

车行出口信息

PANTONE **280**C
PANTONE **299**C

人行出口信息

PANTONE **355**C

紧急出口信息

PANTONE **355**C

5）不同视距情况下图形符号级别。

信息图符视距分类　　　　　　　　　　　　信息字符视距分类

6）标识编号说明

编码说明

区域编码：	楼层编码：	序号流水号：
北广场　N	广场层　2F	001、002 ……
南广场　S	南广场　1F	
西线下　W	地下一层　B1	
东线下　E	地下二层　B2	

标识种类编码：	型号流水号：	安装方式编码：	
确认类标识　IDE	01、02 ……	H　吊挂	M　地面镶嵌
引导类标识　DIR		S　立地	M　柱面、墙面镶嵌
方位类标识　INF		W　附墙	B　墙面涂刷
说明类标识　INF		P　贴附	B　地面涂刷
管制类标识　REG		C　悬挑	
装饰类标识　ORN			

7）为了保证标识信息的功能性和艺术性，并选好中、英文字体，控制数字字细、字间距，制定不同视距下的字体级别，保证旅客在不同距离清晰辨认。还要对字体的笔画粗的版式严谨规范，保证标识信息的逻辑性、统一性、美观性。

注①：合肥南站综合交通枢纽导向标识系统设计方案的实例图中，因许多标识牌属于同类型，只是分布在不同位置，因此在书中仅取部分标准图例作为示范，特此说明。

立地牌体①

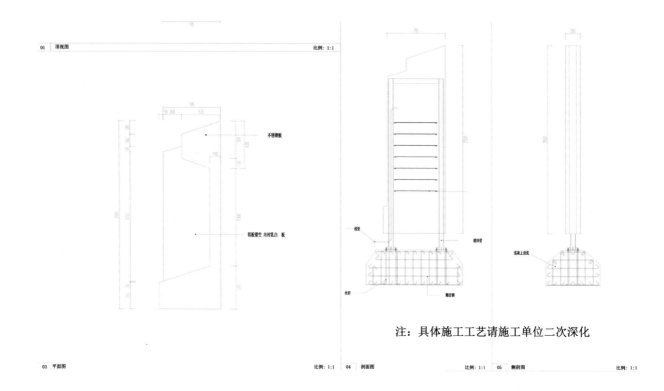

注：具体施工工艺请施工单位二次深化

停车场入口指示牌

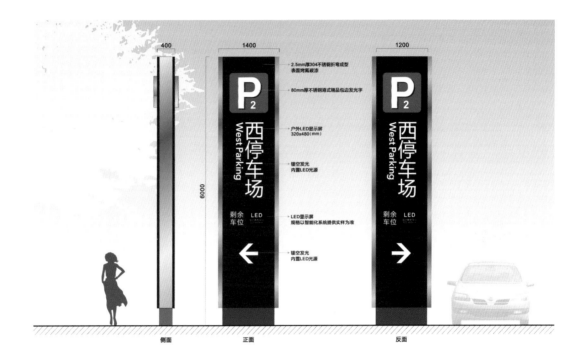

出租车候车区指示牌

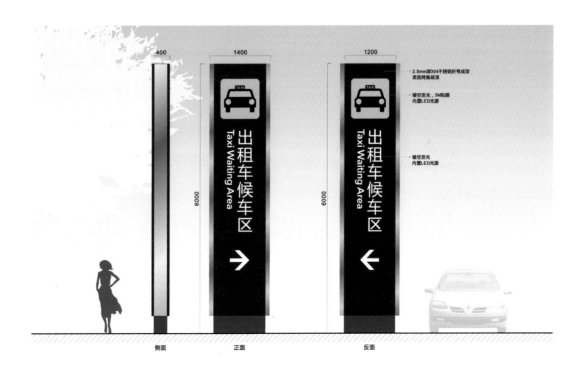

主入口龙门架

俯视图

150x150x5(mm)镀锌方管横拉杆

3mm 厚铝板
烤氟碳漆，PANTONE 425C

3mm 厚铝板
烤氟碳漆，PANTONE 425C

300x300x10(mm)镀锌方管，表面包1.2不锈钢
烤氟碳漆，PANTONE 425C

正视图

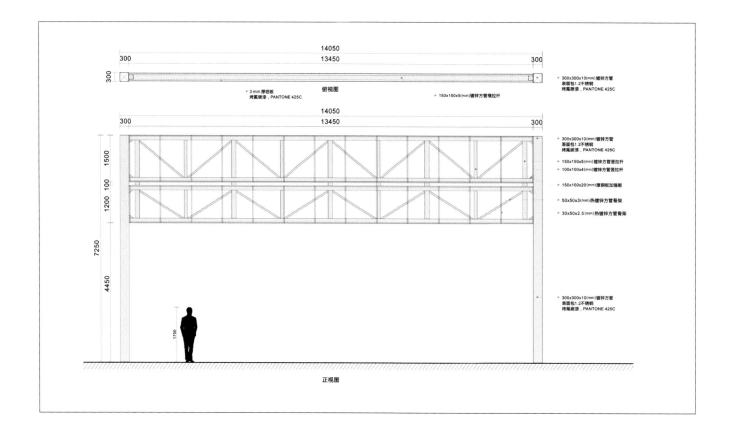

300x300x10(mm)镀锌方管
表面包1.2不锈钢
烤氟碳漆，PANTONE 425C

3mm 厚铝板
烤氟碳漆，PANTONE 425C

150x150x5(mm)镀锌方管横拉杆

俯视图

300x300x10(mm)镀锌方管
表面包1.2不锈钢
烤氟碳漆，PANTONE 425C

150x150x5(mm)镀锌方管竖拉杆

100x100x4(mm)镀锌方管竖拉杆

150x100x20(mm)厚钢板加强筋

50x50x3(mm)热镀锌方管骨架

30x50x2.5(mm)热镀锌方管骨架

300x300x10(mm)镀锌方管
表面包1.2不锈钢
烤氟碳漆，PANTONE 425C

正视图

龙门牌版面信息

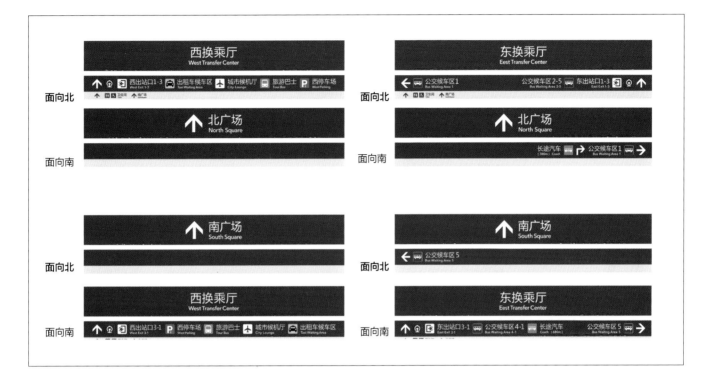

公交车主入口龙门架

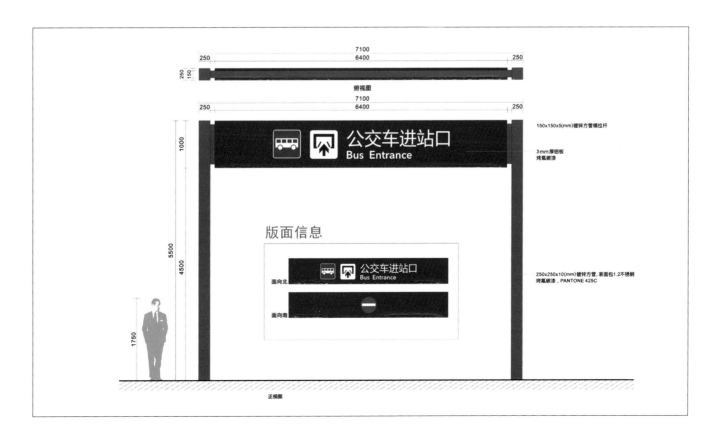

东西线下出租车候车岛及公交车候车岛三角牌

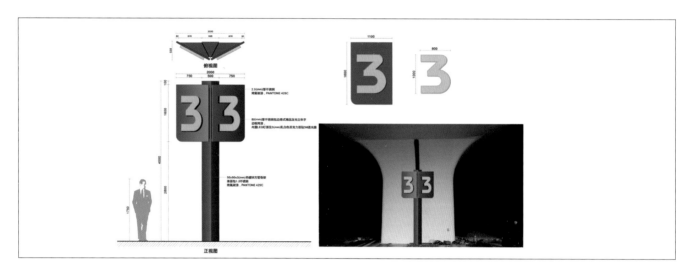

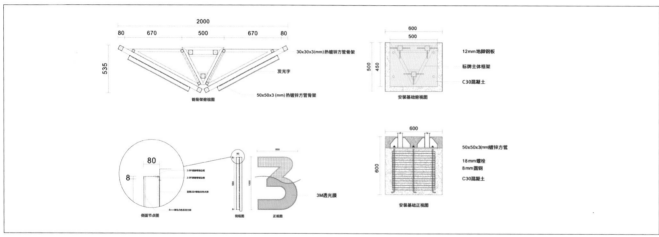

电子显示屏

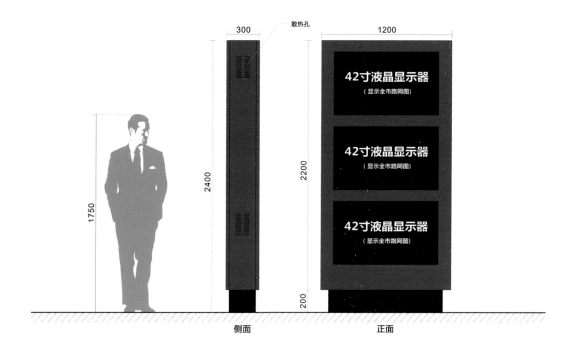

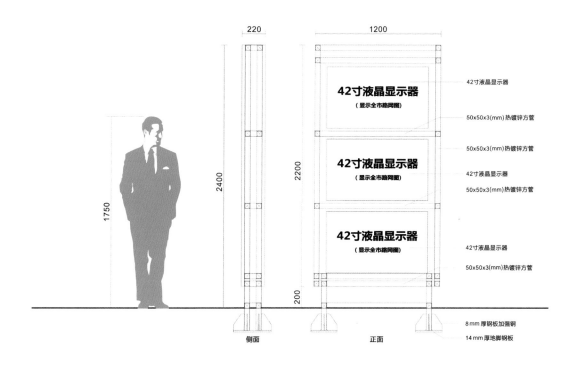

立地灯箱

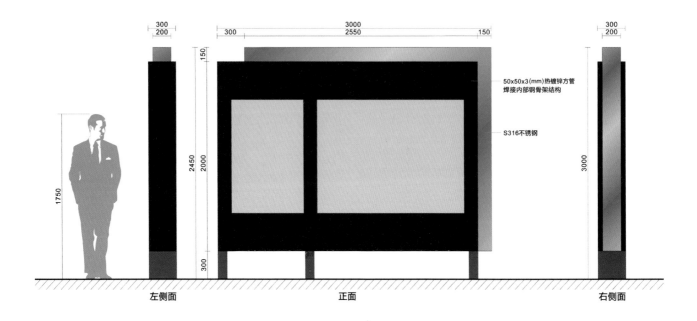

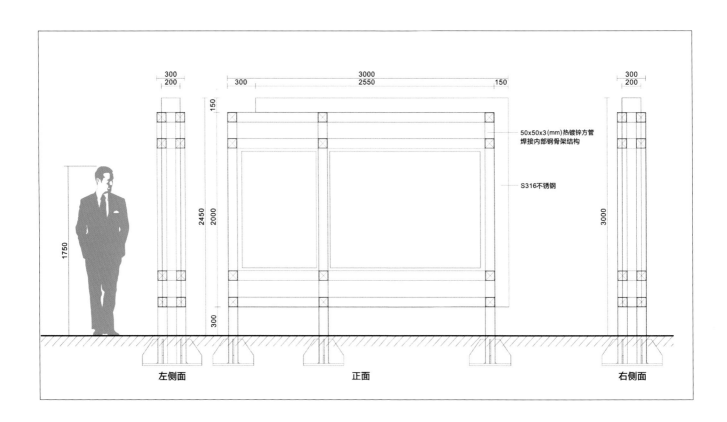

版面信息

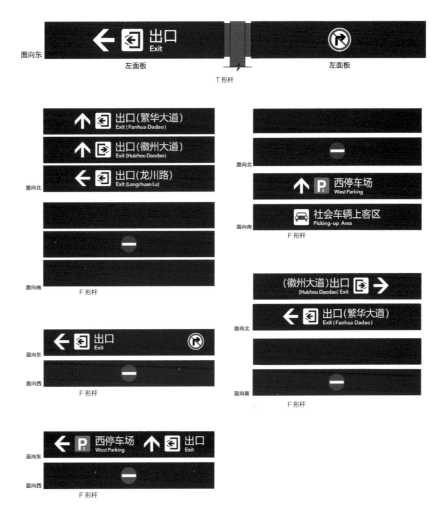

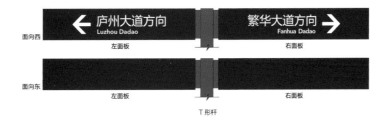

出租车（落地）

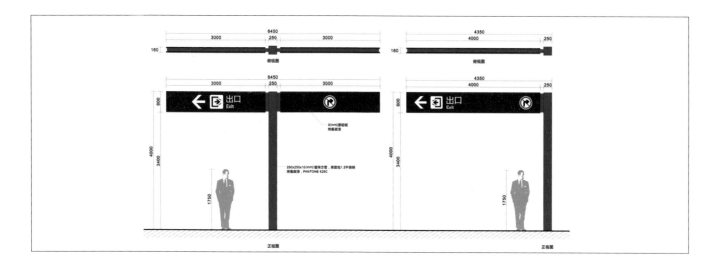

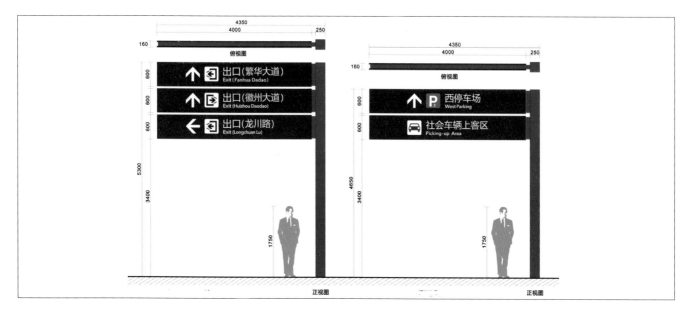

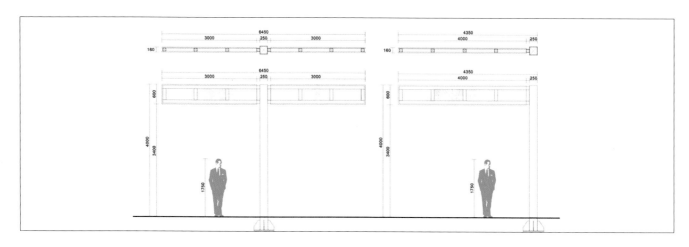

公交车（落地）

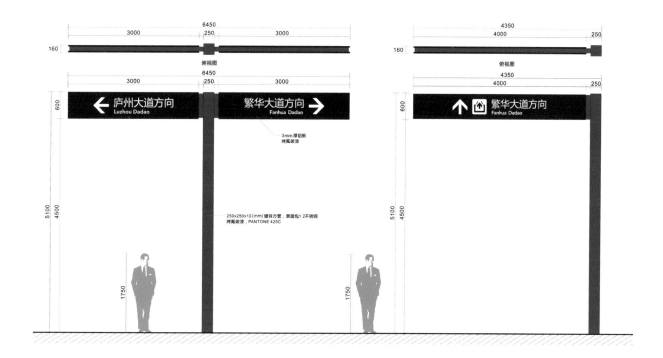

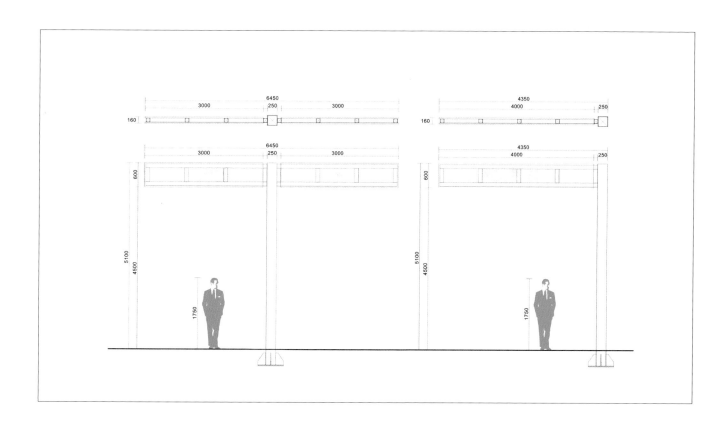

吊牌（吊顶）

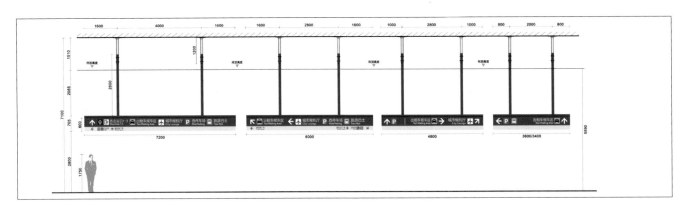

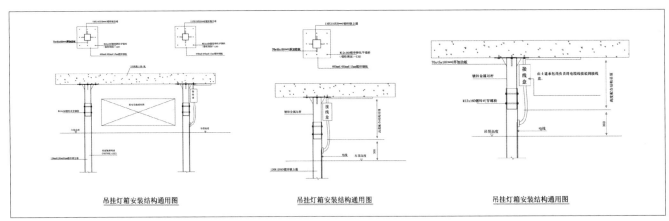

吊挂灯箱安装结构通用图　　吊挂灯箱安装结构通用图　　吊挂灯箱安装结构通用图

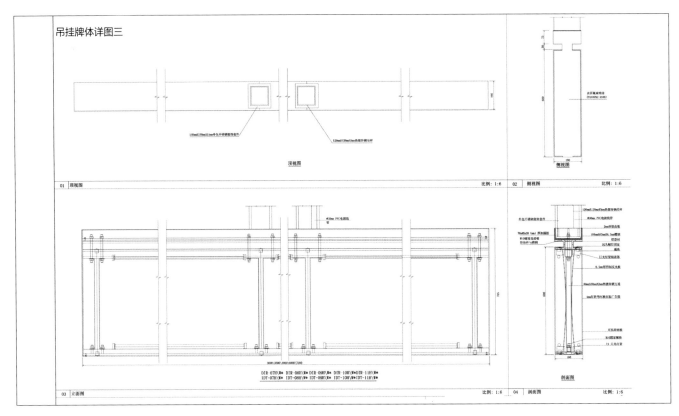

吊挂牌体详图三

出租车下穿坡道门头挂牌（挂墙）

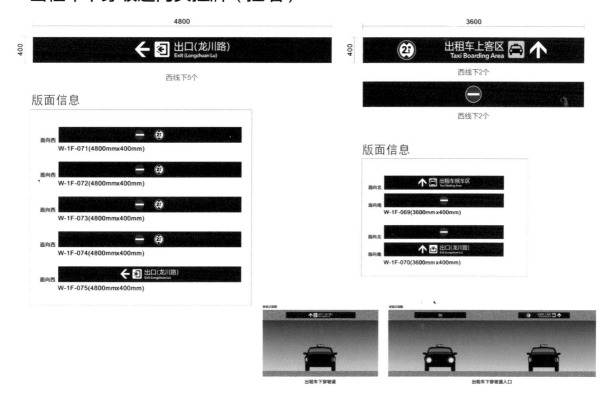

公交车候车岛电子屏（落地）

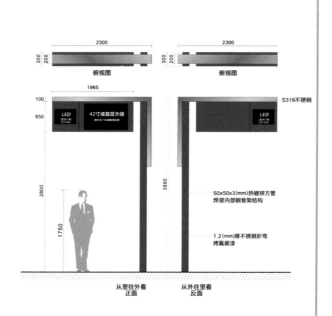

公交车候车岛电子屏（挂墙）

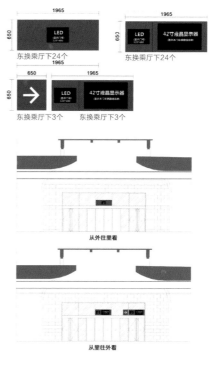

洗手间牌（挂墙）

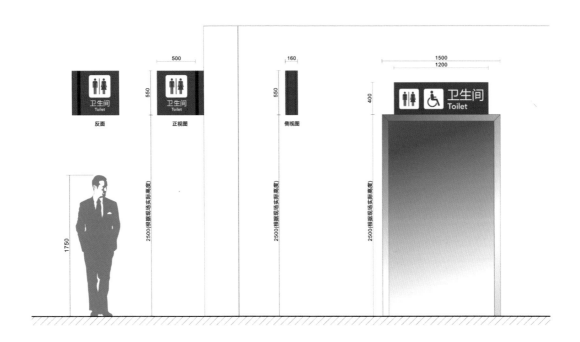

国铁站房出口（挂墙）

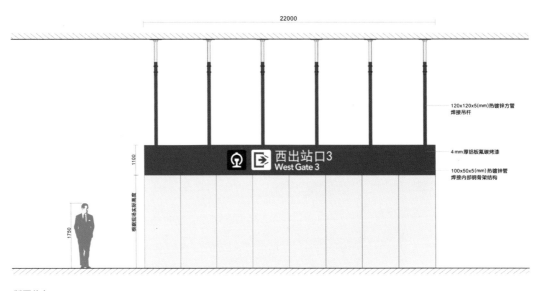

版面信息

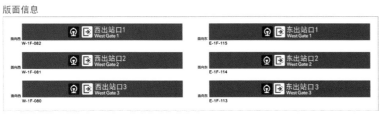

城市候机厅（挂墙）

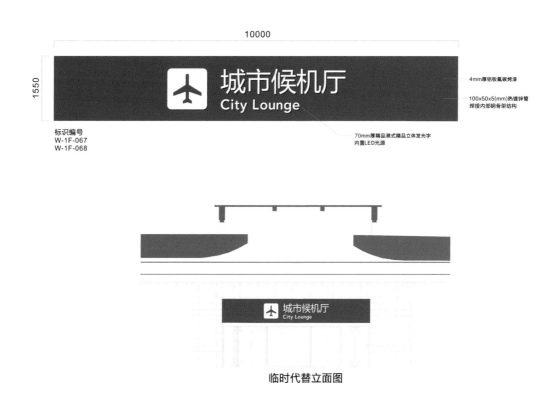

10000

1550

4mm厚铝板氟碳烤漆

100x50x5(mm)热镀锌管
焊接内部钢骨架结构

标识编号
W-1F-067
W-1F-068

70mm厚精品港式精品立体发光字
内置LED光源

临时代替立面图

科室门牌版面信息

200

100

E - 1F - 022

通风机房
机房重地 非请勿进

型号：DIR-18W
尺寸：200×100

E - 1F - 034

弱电机房
机房重地 非请勿进

E - 1F - 059

空调机房
机房重地 非请勿进

E - 1F - 031

变电所
机房重地 非请勿进

E - 1F - 036

备用间

240

150

E - 1F - 025

交警用房

型号：DIR-19W 尺寸：240×150

E - 1F - 038

公交用房

E - 1F - 045

女卫生间

E - 1F - 033

消防安保中心

E - 1F - 044

男卫生间

E - 1F - 046

卫生间

W - 1F - 001

预留用房3

W - 1F - 013

办公室

管制类版面信息

照顾儿童
Take care of children

右侧站立
Stand on right

不要站在扶梯边缘
Don't stand on the edge
of the escalator

勿运货物
No Cargo

尺寸 150x450

禁止吸烟
No smoking

勿乱丢弃物
No littering

禁止入内
No entry

尺寸 150x200

涂刷类设计说明

图例：

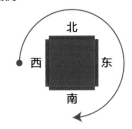

西　北　东　南

北广场停车库中涂刷类的排列顺序： 按照西、北、东、南（逆时针方向）进行排列，施工时请注意排列顺序及排列方法。

1　　0　　←　　X

北广场停车库中涂刷类编号说明： 以北停车库1区为例，涂刷信息分别使用数字1-8（当前停车库区号），数字0（当前车库区号代表图案），箭头（当前位置具体指示方向），X（由于消防设施而不能进行图案涂刷）。

色彩参数：

| 潘通色号（印刷色卡）：橙色 [PageU20] PANTONG 1505 U | 潘通色号（印刷色卡）：黄绿色 [PageU144] PANTONG 367 U | 潘通色号（印刷色卡）：火星红 [PageU35] PANTONG Red 032 U | 潘通色号（印刷色卡）：海洋蓝 [PageU105] PANTONG 298 U | 潘通色号（印刷色卡）：太阳黄 [PageU8] PANTONG 122 U | 潘通色号（印刷色卡）：深粉红 [PageU46] PANTONG 213 U | 潘通色号（印刷色卡）：青色 [[PageU114] PANTONG 312 U | 潘通色号（印刷色卡）：紫色 [PageU79] PANTONG 265 U |

图例：

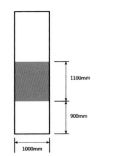

1100mm

900mm

1000mm

注：北停车库柱体上涂刷图案尺寸为1100mm×1000mm，涂刷时图案下沿需距离地面900mm。

注：北停车库B1层N-B1-740、N-B1-741、N-B1-742尺寸为8000mm×1000mm，涂刷时图案下沿需距离地面900mm。

注：北停车库B1层N-B1-743尺寸为20200mm×1000mm，涂刷时图案下沿需距离地面900mm。
（由于N-B1-743所处位置特殊，既不属于北停车库1区也不属于2区，所以用绿色选择方面选用了停车库蓝色进行处理）。

注：北停车库B2层N-B2-770、N-B2-779、N-B2-785、N-B2-790尺寸为7500mm×1000mm，涂刷时图案下沿需距离地面900mm。

吊牌版面信息

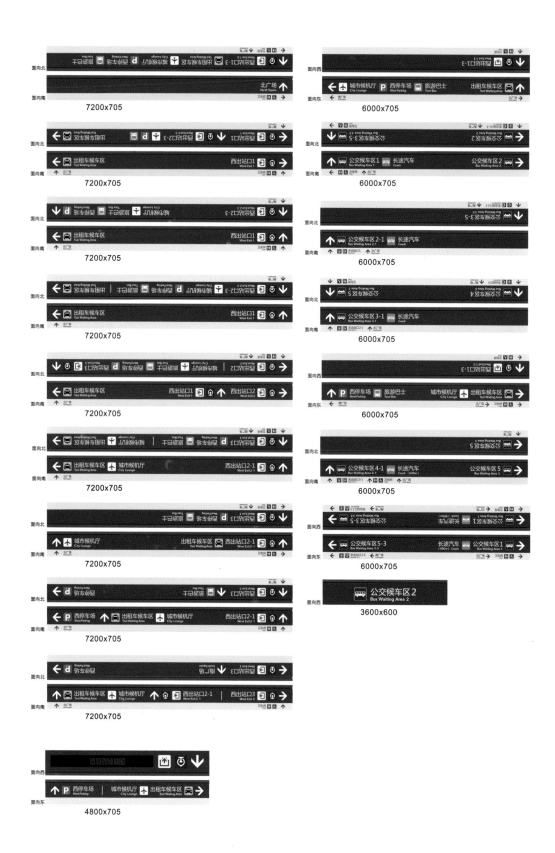

7200x705

6000x705

7200x705

6000x705

7200x705

6000x705

7200x705

6000x705

7200x705

6000x705

7200x705

6000x705

7200x705

3600x600

7200x705

7200x705

4800x705

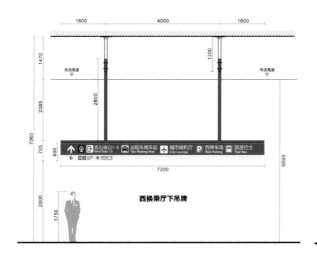

西换乘厅下吊牌

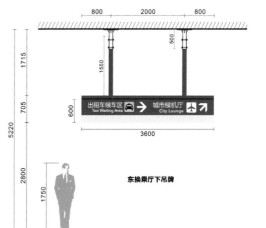

东换乘厅下吊牌

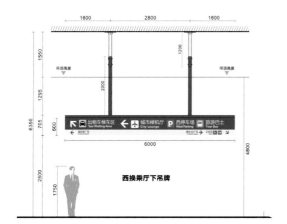

西换乘厅下吊牌

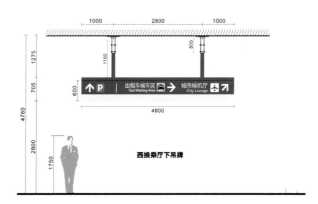

西换乘厅下吊牌

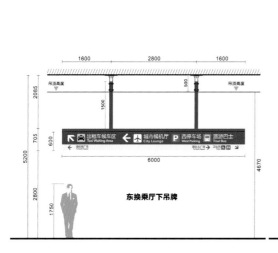

东换乘厅下吊牌

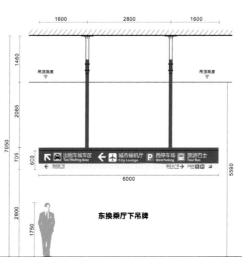

东换乘厅下吊牌

DESIGN THE CITY, BUILD THE FUTURE
设计城市 构筑未来

北京城建设计发展集团股份有限公司

    北京城建设计发展集团（01599.HK）是为城市建设提供专业服务的科技型工程公司，业务范围涵盖城市轨道交通、综合交通枢纽、地下空间开发、工业与民用建筑、市政、桥梁、道路等领域，为客户提供工程前期咨询、规划、投融资、勘察测绘、设计、项目管理、工程总承包、系统集成、项目评价、经济分析等专业化高质量的全程服务。

    公司前身是北京城建设计研究总院，成立于1958年，是为中国首条地铁北京地铁1号线的设计及勘察服务而成立。我们拥有中国设计及勘察行业的最高资质——综合甲级资质。

    我们引领和推动着城市轨道交通行业的发展，是国家城市轨道交通行业设计规范的主要制定单位，主编了11项城市轨道交通领域国家和行业规范；自1990年以来，获得50多项发明与实用新型专利；代表国家对22个城市的44条线路可行性研究报告进行评估；300多项科技成果获奖，其中国家和省部级奖项100多项。

    我们拥有国内首个城市轨道交通的院士专家工作室，由中国工程院院士施仲衡领衔，多名院士加盟。联合北京交通大学、清华大学、南京地铁集团有限公司等行业优势单位，牵头组建城市轨道交通绿色与安全建造技术国家工程实验室，作为行业内首个国家级创新平台，致力于推动轨道交通行业创新发展。

    我们的业务遍布国内50多个城市，并延伸至安哥拉、越南、阿根廷、朝鲜、蒙古、巴基斯坦等海外市场，引领国内城市轨道交通设计行业。并于2014年7月8日成功在香港联交所挂牌上市。我们致力于成为以设计为引领城市建设综合服务商，促进人与城市、环境和谐、可持续发展。

成为以设计为引领的城市建设综合服务商

DESIGN THE CITY
BUILD THE FUTURE
TO BE A DESIGN-LEADING
INTEGRATED SERVICE PROVIDER FOR
URBAN CONSTRUCTION

我们的竞争优势：

___ 因中国第一条地铁而生，历经 50 多年的积淀，已发展成为行业翘楚；

___ 是中国城市轨道交通行业技术发展的引领者，是国内城市轨道交通行业主要标准规范的制定者；

___ 能够提供涵盖城市轨道交通工程全产业链的业务解决方案；

___ 拥有经验丰富的高级管理团队和众多行业顶尖专家；

___ 遍布全国及海外多地的分支机构，业务覆盖全国，延伸海外。

Add:北京市西城区阜成门北大街五号
Tel:010-88336666
http://www.bjucd.com

北京城建长城工程设计有限公司

Beijing urban construction the Great Wall Engineering Co., Ltd.

企业简介 》

    北京城建长城工程有限公司成立于 1999 年 5 月，隶属于北京城建集团。公司拥有经验丰富的专业人才，具备完善的专业知识体系以及丰富的实践经验。

    公司目前在安徽、重庆、长春等地设有分公司、办事处，并与当地设计单位合作。

    多年来，公司承接并参与了许多城市的轨道交通设计，其中包括：北京地铁装修设计、重庆 1、3、5、6、9 号线及环线车站、深圳北站综合交通枢纽工程、太原南站交通枢纽工程、合肥南站综合交通枢纽工程、长春南部都市经济开发区中央商务区地下空间等大型单体、城市综合体装饰设计，以及地铁轨道交通站点、区间建筑结构设计。

公司愿景
追求——精品的建筑
引领——时代的风向

Add:北京市海淀区大柳树路-富海国际港
Tel:01062198788 fax:01062121061
http://www.cjsheji.com
email:1104878559@QQ.com

CRTDRI

重庆市轨道交通
设计研究院有限责任公司

CHONGQING RAIL TRANSIT
DESIGN AND RESEARCH INSTITUTE CO.,LTD

以人为本　创新为魂　追求卓越　诚实守信

依托单轨核心力量
助推轨道建设扬帆远航

重庆市轨道交通设计研究院有限责任公司成立于 2003 年 10 月，拥有城市轨道交通设计、咨询、监理三甲资质，主要从事城市轨道交通工程的总体总包设计、咨询、监理和科研，为城市轨道交通规划、建设、运营和管理提供科学、系统的技术保障和服务。

公司经过 10 多年自主创新，能够系统性提供单轨交通设计、建设、运营、维护、管理整套技术。掌握轨道梁、转向架和道岔核心技术。首次实现了车辆自主优化设计和迄今世界上运量最大的八编组单轨列车的系统集成，创建了世界唯一的单轨交通技术标准体系，首创跨座式单轨交通平移式道岔被中国土木工程学会授予"城市轨道交通技术创新推广项目"，在全国轨道交通建设中推广。

公司以单轨交通技术为核心竞争力，全面参加重庆轨道交通大建设，建成了世界上线路最长、地形最复杂、运量最大、技术难度最大的城市单轨交通工程，在重庆形成了全球最大的单轨交通装备制造业基地，从设计研发、车辆及系统设备制造集成、工程施工、运维管理等国际规模最大、结构最完整的跨座式单轨交通产业链。

经过长时间、大运量实践的重庆单轨知名度不断提升，越来越多的国内外城市规划研究应用重庆单轨交通。公司沿着"一带一路"，积极参与韩国大邱，印尼万隆、日惹，土耳其梅尔辛，泰国曼谷、普吉等国外城市轨道交通建设，输出单轨技术、产品、项目和服务，加快重庆单轨交通走出去步伐。

公司用匠心和智慧、勇气和创新，依托城市交通一体化平台优势，致力于成为特色鲜明、技术过硬、作风优良的国内一流、国际有一定影响力的设计研究院。